常见猪病
临床诊治指南

CHANGJIAN ZHUBING
LINCHUANG ZHENZHI ZHINAN

顾小根 王一成 主编

浙江科学技术出版社

图书在版编目(CIP)数据

常见猪病临床诊治指南／顾小根，王一成主编．
——杭州：浙江科学技术出版社，2010.10
ISBN 978-7-5341-3960-4

Ⅰ.①常… Ⅱ.①顾… ②王… Ⅲ.①猪病—诊疗—指南 Ⅳ.①S858.28-62

中国版本图书馆CIP数据核字(2010)第188211号

书　　名	常见猪病临床诊治指南
主　　编	顾小根　王一成
出版发行	浙江科学技术出版社 杭州市体育场路347号　　邮政编码：310006 销售热线：0571-85171220 联系电话：0571-85170300-61711 E-mail: zx@zkpress.com
排　　版	杭州万方图书有限公司
印　　刷	杭州下城教育印刷有限公司
开　　本	890×1240　1/32　　印　张　6
字　　数	197 000
版　　次	2010年10月第1版　2013年5月第8次印刷
书　　号	ISBN 978-7-5341-3960-4　定　价　25.00元

责任编辑：詹　喜　　　责任校对：张　宁
责任美编：金　晖　　　责任印务：徐忠雷

《常见猪病临床诊治指南》编委会

主　　任：张火法
副 主 任：潘天银　洪建伟　鲍国连
编　　委：吴志青　吴新民　徐柏松　徐　辉
　　　　　林纯洁　吕玉丽　黄立诚　冯尚连
　　　　　李　萍　顾小根

《常见猪病临床诊治指南》编写人员

主　　编：顾小根　王一成
副 主 编：施明华　陆国林　俞国乔
编写人员：顾小根　王一成　赵国源　陈伟杰
　　　　　施明华　母安雄　俞国乔　陆国林
　　　　　张　存　袁秀芳　王世杰　陈军光
　　　　　周彩琴　顾　昀　陈婷飞　赵灵燕
　　　　　吴赟弦　吴林友　余建娣　倪柏锋
　　　　　汪溪念　丁巧丽　施杏芬　周勇锋
　　　　　罗化斌　方兰勇　陈建祥

修 订 说 明

  本书自2010年10月出版以来,受到广大读者的欢迎。为便于读者查阅和掌握更多的猪病诊治知识,借重印之机,对本书进行了修订。

  本次修订,一是对编排次序进行了适当调整,使读者查阅更加清晰、明了;二是对有关条目表述进行了完善,使读者学习起来更加通俗易懂;三是增加了猪病常见的33种异常表现描述和38张病症彩色图片,丰富了读者诊治猪病的知识。

编 者

2013年4月

受多种因素影响，猪病呈现出严重态势，不仅种类增多，而且变得更容易发生和传播。生猪疫病给养殖业主造成了严重损失，已成为养猪行业的主要风险，也影响了公共卫生安全。

当今，由于猪病种类众多，同时许多猪病的发生规律也出现了新的变化，尤其是一些在高密度养殖条件下的生猪，多种疫病混合感染、继发感染的问题非常突出，猪病发生越来越复杂，表现出来的发病（流行）特点、临床症状和剖检病理变化纷繁多样，因此在生猪发病后往往难以及时作出临床诊断，不能及时采取有效防治措施。那么，在没有全面掌握各种猪病复杂表现的情况下，是否也能简便、快速地对发生的多数猪病病例作出临床诊断？这应该是广大临床兽医和养猪专业工作者期望解决的问题，也是我们编写、出版本书的出发点。

为此，我们根据多年的临床实践，一改传统的、常规的猪病诊断防治类图书的编写方法，试图按照词典的编写思路，编写一本可根据病猪某些表现就能查找到相应猪病及其防治方法的临床诊治工具书。所以，本书首先将我们在多年临床实践中收集的涉及47种猪病的156种常见特征性表现进行汇总、分类、排序，将每种特征性表现编成一个条目（相当于词典检索的部首），同时在每个条目中列出具有该条目所述异常表现的相应猪病（相当于各种文字或词），并且在每个条目中我们尽可能采用彩色图片来展示各种猪病的特征性表现，以克服单一文字描述难以做到客观而造成判断误差的问题，从而使纷繁复杂的各种猪病表现变得系统化、条理化，变得简明和清晰。然后，再介绍这47种猪病的发病（流行）特点和临床病理特征表现、诊断要点、主要防治方法。如此，**读者诊治猪病就像查词典一样**，只要根据现场发病猪的主要异常表现，就可在本书中快速找出可能发生的病种和防治办法。如病猪有"颈下咽喉部肿胀"症状，就在本书目录"二"部分中找到归属于"体表异常"类的"颈下咽喉部肿胀"这一条目，在这个条目中就可得知具有这种症状的猪病为猪肺疫、炭疽；然后，在本书目录"三"部分中找到和阅读有关这几种猪病的全文，并与现场发病猪其他异常表现一一进行比较、鉴别，最后找出与发病猪各种表现一致或最接近的病种，从而作出临床诊断和采取相应的防治措施[具体方法详见本书《读者须知》中"（一）使用本书指导猪病诊治的步骤和方法"]。

为便于读者正确判别病猪某些病理表现，本书还编载了健康生猪各种组织器官的彩色图片。因此，本书不仅是广大临床兽医和养猪专业工作者的工具书，也可作为有关高等院校兽医专业学生和其他初学者的参考用书。

书中所配图例，大部分是本书作者在长期临床工作中所积累起来的资料；有个别选自发表的资料（见有关图片说明），在此，向发表这些资料的作者和出版社表示感谢！因作者积累的资料有限，故个别临床症状和病变没有相应的彩色照片记录，在此深表歉意！

一个人有知识，作用是有限的；只有大家都掌握了知识，力量才是巨大的。我们编写、出版本书的最大愿望是本书能真正成为读者诊治猪病的好帮手、传播猪病防治知识的好平台。但由于作者水平和积累资料有限，本书尚不完美，书中疏漏和谬误之处也在所难免，恳请广大读者批评指正。

编　者

2010年8月

（一）使用本书指导猪病诊治的步骤和方法

本书类似于一本词典，读者无须去死记硬背书中的详细内容，只要阅读"目录"，大概了解本书的内容并掌握本书的使用方法即可。使用本书来指导工作，诊治猪病就像"查字"一样，变得更通俗、更迅速、更准确，即：根据现场病（死）猪某个或某些异常表现（相当于一个字的"部首"）及其在本书中设定的类别、编号顺序和页码，找到书中相应条目及其相应猪病彩色图片，从而找出病（死）猪可能发生的病种（相当于各种"文字"或"词"），最后就可详细了解到所发猪病的性质和防治方法。本书使用方法具体如下：

第一步，在开展猪病临床诊断前，读者应浏览本书的目录，以了解本书的基本内容和具体排序。

第二步，参照本书介绍，学习和基本掌握检查病猪各种异常表现的方法和病死猪的剖检方法。

第三步，浏览本书所述健康生猪有关组织器官的彩色图片，以便于识别病猪器官组织的异常变化。

第四步，当生猪发病后，应检查分析、找出发病猪群主要的、多数病猪相同的临床症状、病理变化和发病（流行）特点等表现。

第五步，根据现场发病猪的主要异常表现，按照本书分类方法和从整体到局部、从体外到体内、从头到尾、从背到脚的顺序，在本书目录

"二、各种病（死）猪异常表现及其相应的疾病"中，对照查找相应条目。如病猪有"颈下咽喉部肿胀"症状，这属于"体表"类的异常表现，那就在本书目录"二"中找到"体表异常及其相应的疾病"一类中"颈下咽喉部肿胀"这一条目。然后，按照目录中该条目所对应的页码，在本书中找到"颈下咽喉部肿胀"条目的正文，并细读这一条目的具体内容，就能找出与这一症状相关的猪病为猪肺疫、炭疽。

第六步，在本书目录"三、常见生猪疫病和群发病的诊断与防治"中，找到第五步查到的条目所述及的几种猪病，然后按照目录中这几种猪病所对应的各自页码，在本书中一一找到有关这几种猪病的正文，并详细阅读之，了解这些猪病的发病（流行）特点、临床症状和剖检变化等各种表现特征，然后与现场发病猪的其他各种表现一一进行对照比较。通过对比，找出与发病猪各种表现一致或最接近的病种，从而作出临床诊断，并采取相应的防治措施。

最后，根据读者对自己作出的临床诊断结果可信度的判断，决定是否需要做进一步的实验室检验。需要确诊的，应按照书中对不同猪病提出的诊断要求采集相应样品送实验室进行检验。

（二）必须树立一种观念
——防重于治，防重在养

"**防治猪病，重在科学饲养管理！生猪健康是养出来的，吃药不是办法！**"虽然本书是用于帮助读者有效诊治猪病的，但更重要的是猪病诊治以后怎样进行科学预防，以达到猪病不暴发、不流行的目的。因此，请读者务必阅读下文：

养猪的根本目的是为市场提供健康安全的生猪（肉品），同时获取最好的经济效益,这就要求饲养管理人员尽一切可能保证生猪不生病。要保证生猪健康,只有做好预防工作,而做好预防工作的关键是采取科学的饲养管理方法。

1. 生猪一旦发病特别是发生疫病,将造成重大危害和损失

原因主要有三个方面：一是因为动物疫病具有传染性、群发性,疫病一旦发生,就会很快在动物群体内传播开来,在数天甚至一天内导致大多数动物发病,并可能传播出去。二是发生的许多传染病至今没有有效的治疗方法,发病动物多数会死亡。即使是可以治好的疫病,由于大批动物发病,治疗费用很高,而且发病后会严重影响动物的生长发育,也会造成重大损失。三是随着自然环境的改变、饲养密度的不断提高和频繁的生猪流通,生猪疫病种类越来越多,疫病传入发生的机会越来越多。因此,养猪专业场（户）在平时饲养时,在生猪健康时,就要切实采取有效的预防措施,把疫病发生的危险性降到最低限度。

2. 预防猪病,关键是要采取科学的饲养管理方法,因为猪生病的主要原因之一是饲养管理不当,而且常用药物也会带来严重的副作用

引起生猪发生疫病等群体性疾病的直接原因是猪感染了病毒、细菌、寄生虫等病原体,或者是接触了有关毒素,或者是猪群缺乏某些营养元素,但是造成这些原因产生的因素主要是饲养管理方式不当。我们称这些因素为诱因,如高热高湿、拥挤、没有隔离措施、环境卫生条件差,等等。

应用药物进行猪病防治会带来许多弊端。常言道："是药三分毒。"科学证明,多数抗生素和化学合成药具有毒副作用,经常用药或滥用药会产生三大严重后果：一是引起病原菌产生抗药性。二是药物残留,危害人类（肉品食用者）健康。给猪防病治病的最终目的并不是为了保住猪的生命,而是为了给人类提供安全的肉食品。当人经常食用含有药物残留的猪肉品后，就会对该类药品产生抗药性，食用者一旦生病，用该类药治疗的效果就不好，甚至无效。同时，残留在猪肉内的药物也会损害食用者的肝脏等器官组织，会导致食用者发生"三致"（致癌、致畸、致突变）。三是直接危害猪本身。长期使用或过量使用药物会抑制动物的免疫系统，降低各种疫苗的免疫效果，也会直接损害动物的肝、肾等内脏组织器官，严重时会引起急性中毒。

因此，要养好猪，必须采用科学的饲养管理方式，落实综合防疫措施。科学的饲养管理方式，就是要实施健康养殖、生态养殖、标准化养殖。即要选择合适的养殖环境和场地，要实行封闭式饲养、自繁自养、科学饲养、全进全出饲养、分段隔离式饲养、适度规模饲养、单一畜种饲养、生态饲养（提供适合的环境：合理的养殖密度、合适的温度与湿度、良好的空气质量、适量光照和运动等），要建立、执行合理的免疫程序制度、消毒制度、疫情监测制度、无害化处理制度等（具体内容详见本书附录）。

3. 对猪病进行正确诊断，不仅是为了采取有效的治疗措施以减少损失，更重要的是为了事后能防止同样的疾病再次发生

一旦生猪发病，应该及时作出正确诊断。一方面，指导采取正确治疗措施，努力减少损失；另一方面，通过正确诊断，我们就知道了猪生的是什么病，事后就可以针对性地采取正确的预防方法和措施，使同样的猪病以后少发生或不再发生。

目录

一 猪病诊治技术的相关知识

(一) 有关猪病临床诊治的一些常用名词解释 ·············· 1
1. 有关机体组织的名词 ······································· 1
    机体 ··· 1
    组织、器官、系统 ······································· 1
    黏膜 ··· 1
    浆膜 ··· 1
    黏液 ··· 2
    浆液 ··· 2
2. 有关病种的名词 ·· 2
    疾病 ··· 2
    传染病 ·· 2
    寄生虫病 ··· 2
    疫病 ··· 2
    普通病 ·· 2
    中毒病 ·· 2
    营养性疾病 ·· 2
    群发病 ·· 3
3. 有关表述临床症状和病变等的名词 ···················· 3
    发病(流行)特点 ······································· 3
    临床症状 ··· 3
    病理变化(简称病变) ·································· 3
    剖检病理变化 ··· 3
    发病率 ·· 3

死亡率 ……………………………………………………………… 3
病死率 ……………………………………………………………… 3
出血 ………………………………………………………………… 3
贫血 ………………………………………………………………… 3
充血 ………………………………………………………………… 3
淤血 ………………………………………………………………… 3
坏死 ………………………………………………………………… 3
水肿 ………………………………………………………………… 3
脱水 ………………………………………………………………… 3
败血症 ……………………………………………………………… 4
4. 有关炎症种类的名词 ………………………………………………… 4
炎症（发炎） ……………………………………………………… 4
变质及变质性炎症 ………………………………………………… 4
渗出、渗出液及渗出性炎症 ……………………………………… 4
增生及增生性炎症 ………………………………………………… 4
浆液性炎症 ………………………………………………………… 4
卡他性炎症 ………………………………………………………… 4
纤维素性炎症 ……………………………………………………… 4
化脓性炎症 ………………………………………………………… 4

（二）健康生猪组织器官的彩色图谱 ……………………………………… 5
1. 脑膜、脑组织 ……………………………………………………… 5
2. 皮肤、皮下组织、肌肉及结缔组织、颌下淋巴结 …………… 5
3. 扁桃体、会厌软骨 ………………………………………………… 5
4. 胸腔及心、肺、胸膜、心包膜和胸壁肌肉 …………………… 6
5. 腹腔及肝、胃、大肠、小肠和腹膜 …………………………… 6
6. 胃、胃黏膜、结肠、脾脏 ………………………………………… 7
7. 小肠、肠系膜和肠系膜淋巴结 …………………………………… 7
8. 肾脏、膀胱、直肠、腹膜和腹壁肌肉 ………………………… 7

（三）检查了解病猪异常表现的基本方法与程序 ………………………… 8
1. 问 …………………………………………………………………… 8
2. 望（视） …………………………………………………………… 9
3. 测 …………………………………………………………………… 9
4. 切（触） …………………………………………………………… 9

5. 闻（嗅） ……………………………………………………………… 9
6. 听 ……………………………………………………………………… 9
7. 剖检 …………………………………………………………………… 9
8. 实验室检验 …………………………………………………………… 9

（四）简便实用的病（死）猪剖检方法图示 ………………………… 10

1. 放血致死 …………………………………………………………… 10
2. 猪尸体固定 ………………………………………………………… 10
3. 胸腔打开 …………………………………………………………… 10
4. 腹腔打开 …………………………………………………………… 11
5. 肾脏检查 …………………………………………………………… 11
6. 淋巴结（颌下淋巴结、腹股沟浅淋巴结和肠系膜淋巴结）检查 … 12
7. 扁桃体、膀胱检查 ………………………………………………… 12
8. 脑部检查 …………………………………………………………… 13

（五）疾病诊断过程中应注意的问题 ………………………………… 13

二 各种病（死）猪异常表现及其相应的疾病

（一）体温异常及其相应的疾病 ……………………………………… 15

1. 体温升高（发热、病猪堆聚） …………………………………… 15
2. 体温变化不明显 …………………………………………………… 16
3. 体温降低 …………………………………………………………… 16

（二）行为和神经系统异常及其相应的疾病 ………………………… 16

1. 精神不振（委顿），常呈嗜睡状 ………………………………… 16
2. 食欲不良或废绝 …………………………………………………… 16
3. 狂躁不安、呼吸急促 ……………………………………………… 17
4. 转圈 ………………………………………………………………… 17
5. 仔猪颤抖（震颤） ………………………………………………… 17
6. 全身肌肉强直性痉挛（角弓反张） ……………………………… 17
7. 肌肉阵发性痉挛 …………………………………………………… 18

8. 共济失调 …… 18
9. 病猪呈"观星"状 …… 18
10. 口吐白沫或流涎 …… 19
11. 呕吐 …… 19
12. 咀嚼、吞咽困难 …… 19
13. 后驱往后倾斜 …… 19
14. 后驱瘫痪呈犬坐式 …… 20
15. 跛行 …… 20
16. 四肢麻痹或卧地不起 …… 20
17. 倒地后四肢呈游泳状运动或乱划动 …… 20
18. 脑充血和（或）出血 …… 21
19. 大脑水肿 …… 21

（三）体表异常及其相应的疾病 …… 21

1. 断奶仔猪机体逐渐消瘦（弓背露骨） …… 21
2. 全身皮肤潮红 …… 22
3. 全身皮肤苍白 …… 22
4. 全身皮肤发黄 …… 22
5. 皮肤发紫坏死 …… 23
6. 头部、腹侧、四肢、臀部和尾巴等处皮肤出现紫红色斑 …… 23
7. 皮肤上有散在的斑点状炎症（皮炎） …… 23
8. 渗出性皮炎（皮肤发炎并有油腻感） …… 24
9. 耳、鼻盘、四肢末端、腹部和臀部等处皮肤出血 …… 25
10. 皮肤粗糙、龟裂 …… 25
11. 体表有局灶性脓肿（溃烂） …… 26
12. 吻突上出现水疱（或水疱破裂后溃烂） …… 26
13. 嘴鼻弯曲 …… 27
14. 眼睑水肿 …… 27
15. 眼圈肿胀发绀（似熊猫眼） …… 27
16. 眼睛下陷 …… 28
17. 眼结膜出血 …… 28
18. 眼结膜炎和浆液性到黏液脓性流泪 …… 28
19. 眼睛失明 …… 28
20. 耳朵发紫（发绀） …… 29
21. 耳朵水肿 …… 29

22. 颈下咽喉部肿胀 ·· 29
23. 躯干皮肤出现有规则的但色泽和形态不一的疹块 ············ 30
24. 母猪乳头上有水疱（或水疱破裂后溃烂） ····················· 30
25. 乳房红、肿、热、痛（乳房炎） ································ 31
26. 脐部或阴囊部有囊包 ·· 31
27. 直肠脱出（脱垂） ··· 31
28. 母猪阴户肿胀 ··· 32
29. 阴道或（并）子宫脱出（脱垂） ································ 32
30. 公猪睾丸肿大 ··· 32
31. 公猪睾丸萎缩 ··· 33
32. 关节肿胀 ··· 33
33. 蹄部有毛无毛处有水疱（或水疱破裂后溃烂，或蹄壳脱落） ····· 34

(四) 皮下、肌肉、脂肪和骨骼异常及其相应的疾病 ············ 34

1. 皮下毛囊出血 ··· 34
2. 皮下组织出血 ··· 35
3. 肥膘和脂肪呈黄色或黄褐色 ······································· 35
4. 肌肉出血 ··· 35
5. 米猪肉（肌肉内有散在的米粒样囊包） ······················· 36
6. 骨骼呈血红色或深褐色 ··· 36

(五) 免疫系统（淋巴结、扁桃体、脾脏）异常及其相应的疾病 ········ 36

1. 淋巴结充血或出血肿大 ··· 36
2. 腹股沟浅淋巴结肿胀 ·· 37
3. 肠系膜淋巴结充血或出血肿胀 ···································· 37
4. 淋巴结水肿 ·· 37
5. 淋巴结周边出血 ·· 38
6. 淋巴结严重出血，呈紫黑色 ······································· 39
7. 淋巴结坏死 ·· 39
8. 淋巴结髓样肿胀 ·· 39
9. 淋巴结化脓 ·· 39
10. 扁桃体上有灰白色坏死灶 ·· 40
11. 脾脏出血性梗死（有大小不等的紫黑色病灶） ············· 40
12. 脾脏肿大 ·· 40
13. 脾脏上出现灰白色坏死点 ·· 41

（六）呼吸系统异常及其相应的疾病 ········· 41

1. 咳嗽 ········· 41
2. 打喷嚏 ········· 41
3. 气喘 ········· 42
4. 犬坐式张口呼吸 ········· 42
5. 鼻腔流出不同性状甚至是血样的分泌物 ········· 42
6. 流鼻血 ········· 43
7. 鼻甲骨萎缩 ········· 43
8. 喉、气管、支气管黏膜充血呈红色，有黏液 ········· 43
9. 喉头或会厌软骨上有出血斑点 ········· 43
10. 气管上有出血斑点 ········· 44
11. 胸腔积液 ········· 44
12. 胸腔积液与纤维素渗出 ········· 44
13. 胸腔中有纤维素渗出，并可粘连 ········· 44
14. 胸肺粘连处为局灶性化脓灶 ········· 44
15. 胸腹腔中有纤维素渗出，并可粘连 ········· 44
16. 胸腹膜及内脏表面有一层灰白色黏附物 ········· 44
17. 大叶性肺炎 ········· 44
18. 肺充血、水肿 ········· 45
19. 肺间质水肿、纹路增宽 ········· 45
20. 肺部鱼肉样变性 ········· 47
21. 肺塌陷，常呈灰褐色、斑驳状 ········· 47
22. 肺上有出血斑点 ········· 48

（七）消化系统异常及其相应的疾病 ········· 48

1. 腹泻 ········· 48
2. 仔猪泻黄色或白色粪便 ········· 49
3. 血便（血痢） ········· 49
4. 便秘 ········· 50
5. 便秘和拉稀交替发生 ········· 50
6. 腹腔积液（腹水） ········· 50
7. 腹腔壁或内脏表面有条絮状或蛋片状黏附物 ········· 50
8. 腹腔浆膜上有一层灰白色黏附物 ········· 51
9. 肝脏色泽发黄 ········· 51

10. 肝上有灰白色坏死斑点 ·· 51
11. 肝上有白斑 ·· 52
12. 网状肝 ·· 52
13. 肝或（和）肠系膜等表面附着大小不一、数量不等的囊泡 ········ 53
14. 肝脏中嵌有数量不等、大小不一的包囊 ······························· 53
15. 胃和（或）肠道浆膜面出血 ··· 54
16. 胃壁水肿 ·· 54
17. 胃底黏膜充血、出血 ··· 54
18. 胃溃疡 ·· 55
19. 胃内有结实的毛球 ·· 56
20. 胃内容物有酒糟味或醋味 ··· 56
21. 肠系膜水肿 ·· 56
22. 肠黏膜增生（肠壁变厚）或伴有出血 ·································· 57
23. 肠黏膜充血、出血，呈红色或紫红色 ·································· 57
24. 仔猪小肠臌气 ··· 57
25. 仔猪小肠肠管出血发紫 ·· 58
26. 小肠内有蛔虫 ··· 58
27. 小肠黏膜坏死、增厚 ··· 58
28. 大肠内有毛首线虫 ·· 58
29. 大肠黏膜糠麸样溃疡 ··· 59
30. 大肠纽扣状溃疡 ·· 59
31. 大肠壁上淋巴滤泡肿胀与坏死 ·· 60
32. 大肠黏膜出血或干酪样坏死 ·· 60

（八）心血管系统异常及其相应的疾病 ·································· 61

1. 心包积液 ·· 61
2. 心包纤维素渗出（绒毛心） ··· 61
3. 心脏上有出血斑点 ·· 62
4. 心肌上有灰白色或淡黄色、条纹状或斑点状坏死灶（色调似虎皮）······ 62
5. 心内膜上有花菜样疣状物 ·· 63

（九）生殖系统异常及其相应的疾病 ····································· 63

1. 母猪不发情或不孕 ·· 63
2. 母猪假怀孕 ·· 63

3. 母猪流产 …………………………………… 63
4. 母猪难产 …………………………………… 64
5. 产死仔、木乃伊胎或弱仔 ………………… 64
6. 流产胎儿的多种组织器官出血 …………… 64
7. 流产胎儿的大脑液化或出血 ……………… 65
8. 流产胎儿的肝上有灰白色坏死点 ………… 65

(十) 泌尿系统异常及其相应的疾病 …………… 66

1. 红尿（血尿、血红蛋白尿） ……………… 66
2. 肾脏上有点状、针尖状出血 ……………… 66
3. 肾脏上有斑点状出血 ……………………… 67
4. 肾脏上有白斑 ……………………………… 67
5. 肾脏淤血肿胀 ……………………………… 68
6. 肾脏淤血肿胀，并有灰白色坏死斑点 …… 68
7. 肾脏中有黄褐色结晶物 …………………… 68
8. 肾盂积水 …………………………………… 69
9. 膀胱出血 …………………………………… 69

(十一) 胸腹腔异常及其相应的疾病 …………… 70

1. 胸腔积液 …………………………………… 70
2. 胸腔积液与纤维素渗出 …………………… 70
3. 胸腔中有纤维素渗出，并可粘连 ………… 71
4. 胸肺间粘连处为局灶性化脓灶 …………… 71
5. 胸腹腔中有纤维素渗出，并可粘连 ……… 71
6. 胸腹膜及内脏表面有一层灰白色黏附物 … 72
7. 腹腔积液（腹水） ………………………… 72
8. 腹腔壁或内脏表面有条絮状或蛋片状黏附物 … 73
9. 腹腔浆膜上有一层灰白色黏附物 ………… 73

(十二) 发病（流行）特点及其相应的疾病 …… 74

1. 发病气候 …………………………………… 74
2. 传播速度 …………………………………… 74
3. 发病或死亡日龄 …………………………… 75
4. 发病率 ……………………………………… 75

5. 病死率 …………………………………………………………… 76
6. 初生仔猪整窝急性发病死亡 …………………………………… 76

三 常见生猪疫病和群发病的诊断与防治

（一）病毒病 …………………………………………………… 77

1. 口蹄疫 …………………………………………………………… 77
2. 猪水疱病 ………………………………………………………… 79
3. 猪瘟 ……………………………………………………………… 81
4. 猪繁殖与呼吸障碍综合征（猪蓝耳病） ……………………… 83
5. 猪流行性感冒（猪流感） ……………………………………… 85
6. 伪狂犬病 ………………………………………………………… 86
7. 猪圆环病毒 2 型感染 …………………………………………… 88
8. 日本乙型脑炎（猪流行性乙型脑炎） ………………………… 90
9. 猪细小病毒病 …………………………………………………… 92
10. 猪传染性胃肠炎 ………………………………………………… 93
11. 猪流行性腹泻 …………………………………………………… 95
12. 猪轮状病毒感染 ………………………………………………… 96

（二）细菌病 …………………………………………………… 98

1. 链球菌病 ………………………………………………………… 98
2. 大肠杆菌病（仔猪黄痢、仔猪白痢、猪水肿病） …………… 100
3. 副猪嗜血杆菌病（猪多发性纤维素性浆膜炎和关节炎） …… 103
4. 猪传染性胸膜肺炎 ……………………………………………… 105
5. 猪支原体肺炎（猪气喘病） …………………………………… 107
6. 巴氏杆菌病（猪肺疫） ………………………………………… 110
7. 沙门氏菌病（仔猪副伤寒） …………………………………… 111
8. 猪丹毒 …………………………………………………………… 113
9. 猪附红细胞体病 ………………………………………………… 114
10. 猪传染性萎缩性鼻炎 …………………………………………… 117
11. 猪梭菌性肠炎（仔猪红痢） …………………………………… 118

12. 猪痢疾 ………………………………………………… 119
13. 猪增生性肠病 …………………………………………… 121
14. 猪渗出性皮炎 …………………………………………… 123
15. 李氏杆菌病 ……………………………………………… 124
16. 布鲁氏菌病 ……………………………………………… 125
17. 钩端螺旋体病 …………………………………………… 127
18. 炭疽 ……………………………………………………… 128
19. 破伤风 …………………………………………………… 130
20. 衣原体病 ………………………………………………… 131

（三）寄生虫病 ………………………………………… 132

1. 弓形体（虫）病 ………………………………………… 132
2. 猪囊虫病（猪囊尾蚴病） ……………………………… 134
3. 旋毛虫病 ………………………………………………… 136
4. 猪棘球蚴病 ……………………………………………… 137
5. 猪细颈囊尾蚴病 ………………………………………… 138
6. 猪蛔虫病 ………………………………………………… 139
7. 猪毛首线虫病（猪鞭虫病） …………………………… 141
8. 球虫病 …………………………………………………… 142
9. 猪疥螨病 ………………………………………………… 144

（四）其他猪病 …………………………………………… 145

1. 猪黄脂病 ………………………………………………… 145
2. 霉饲料中毒 ……………………………………………… 146
3. 酒糟中毒 ………………………………………………… 148
4. 食盐中毒 ………………………………………………… 149
5. 断奶仔猪腹泻病 ………………………………………… 150
6. 中暑 ……………………………………………………… 151

附录 规模养猪场（户）切实提高猪群健康水平的综合防疫技术 …………… 153

参考文献 ……………………………………………………… 172

一 猪病诊治技术的相关知识

猪病诊治是一门多种学科知识综合应用的复杂技术，要熟练掌握它，既要有长期临床实践和经验积累，也要具备兽医专业方面的系统基础理论知识，这对于非专业人员来说，有一定的难度。因此，我们根据临床实践，将开展猪病诊治必须要学习和了解的一些相关兽医基础知识，在这里作一简明扼要、通俗易懂的介绍，以便读者学习和掌握。

（一）有关猪病临床诊治的一些常用名词解释

1.有关机体组织的名词

机体 具有生命的个体的统称，包括植物和动物，如最低等最原始的单细胞生物、最高等最复杂的人类。也叫有机体。

组织、器官、系统 由形态相似、功能相同的一群细胞和细胞间质组合起来，称为组织。动物机体的组织分为上皮组织、结缔组织、神经组织和肌肉组织四种。

组织是构成器官的基本成分。上述四种组织排序结合起来，组成具有一定形态并完成一定生理功能的结构，称为器官，例如心、肝、肺、胃、肠等。

许多器官联系起来，成为能完成一系列连续性生理机能的体系，称为系统。如由口腔、咽、食管、胃、小肠、大肠、肛门以及肝、胆、胰等一系列器官联系起来，共同完成食物的消化和吸收，组成了消化系统。此外，还有运动、呼吸、泌尿、生殖、循环、神经、感觉和内分泌系统等。

黏膜 是构成管状器官管壁的最内层，具有保护、分泌和吸收的作用，如口腔、胃、肠等消化道黏膜，鼻、气管等呼吸道黏膜，子宫、膀胱等生殖和泌尿道黏膜。

浆膜 是覆盖于胸腹腔内壁最表层和各内脏器官最外表层的一层膜，如胸腹膜、心包膜、肝肺肾外包膜、胃肠道浆膜等。浆膜表面光滑、湿润，有减少器官间运动时摩擦的作用，也起到连系和固定作用，如肠系膜。

黏液 是黏膜所分泌的一种富含黏蛋白的胶黏而滑润的分泌物，不同部位的黏液具有不同的功能，但都有保护的作用。

浆液 是动物机体内浆膜分泌的一种含有少量蛋白质、具有润滑作用、无色、透明的液体，机体正常时胸腹腔等体腔中均含有少量的浆液。

2. 有关病种的名词

疾病 动物疾病指在一定因素（称致病因素，不论何种因素）的作用下，动物机体的正常生理代谢过程发生改变，生命功能发生障碍，机体组织受到破坏的过程，同时也是动物机体固有的抗病能力与致病因素进行斗争的一种表现。按照病因性质不同，可分为传染病、寄生虫病、普通病（非传染性的病）、营养代谢病。按照疾病的经过不同，可分为急性病、亚急性病和慢性病。按照患病组织器官不同，可分为消化系统疾病、呼吸系统疾病、心血管系统疾病、神经和运动器官系统疾病及泌尿生殖系统疾病等。

传染病 动物传染病是动物疾病的一种。这种病是由病毒、细菌、支原体等病原微生物（通常称病原或病原体）侵入动物机体后并进行繁殖而引起的一种疾病。这种病的特征是可以通过多种途径将病原微生物传染给另一个动物，并迅速在动物群体内传播而引起大批发病。

寄生虫病 寄生虫病也是疾病的一种，是因寄生虫寄生在动物体表或体内并破坏动物的生命机能而引起动物发病。

疫病 动物疫病常指动物传染病，但由于动物寄生虫病具有传染性的特征（一个寄生虫体经过寄生虫的生活史，可以感染到另一个动物），而且危害也严重，所以现在通常所说的动物疫病包括了动物传染病和动物寄生虫病。

普通病 是由化学、物理性致病因素引起的、没有传染性的疾病。

中毒病 是指动物接触或食（吸）入了某种毒物而引起的疾病。常见的毒物有各种农药、重金属、化学品、霉菌毒素等，许多药物给猪多量使用或多次使用后也会造成中毒，还有食入了有毒的植物也可造成中毒。中毒病属于普通病的一种。

营养性疾病 是指因长期缺乏或过多地摄入某种营养性物质而导致动物发病。目前，因大多生猪吃配合饲料，所以该类疾病已少见。

群发病 是指一个动物群体内多个不同个体同时或先后连续发生同一种疾病。群发病常指中毒病和营养性疾病。

3. 有关表述临床症状和病变等的名词

发病（流行）特点 指不同动物疾病在发生、传播和发展过程中，有各自的、不同的规律、特征和因果关系。

临床症状 指动物在疾病发生、发展过程中呈现出来的各种外在异常表现。

病理变化（简称病变） 指动物在疾病发生、发展过程中呈现出来的一系列组织或器官发生的眼观和显微变化及机能改变。

剖检病理变化 指动物尸体被剖解后，各种组织或器官呈现的眼观变化，常常又称为病理变化、病理剖检变化。

发病率 指动物发病个体数占该发病群体总动物数的比例，常用百分率表示。

死亡率 指动物死亡个体数占该发病群体总动物数的比例，常用百分率表示。

病死率 指动物死亡个体数占该发病群体中总发病动物数的比例，常用百分率表示。

出血 指血液流出血管或心脏的一种病理过程。

贫血 全身循环血液中红细胞总量或单位容积血液内红细胞数量及血红蛋白含量低于正常，称为贫血。贫血的生猪，其血液稀薄，黏膜和皮肤苍白，器官颜色变淡。

充血 指局部组织或器官因小动脉扩张而使流入的血量过多的现象。

淤血 指局部组织或器官因静脉回流受阻，血液淤积在局部组织的血管内。

坏死 是指活的动物机体内局部组织细胞或器官的病理性死亡。坏死组织缺乏光泽，混浊，失去正常组织的结构和弹性，组织切断后回缩不良。

水肿 是指过多的体液积聚在组织间隙或体腔中，其中体腔内体液积聚过多又称积水。

脱水 机体由于水分丧失过多或摄入不足而引起的体液减少称为脱水。

病猪常表现出排尿减少、皮肤松弛，严重时眼睛下陷，一般表现为口渴。

败血症　指病原微生物侵入动物体内，在局部组织和血液中持续繁殖并产生大量毒素，广泛组织受到损害，使动物机体处于严重中毒状态和全身性病理过程。其特征性表现是动物机体的血液往往凝固不良、全身黏膜和浆膜广泛出血、实质器官变性、淋巴结肿大等。

4. 有关炎症种类的名词

炎症（发炎）　是指机体对各种致炎因子损伤的一种防御性反应。在血管、神经、体液和细胞的参与下，炎症的局部有变质、渗出和增生，同时也有不同程度的发热等全身反应。因此，炎症又分变质性炎、渗出性炎和增生性炎。

变质及变质性炎症　是指炎症区局部细胞组织的变性（即细胞或细胞间质的形态学改变并伴有结构和功能的改变）和坏死。以变质为主，渗出和增生变化轻微的一类炎症称为变质性炎。

渗出、渗出液及渗出性炎症　是指炎症区的血管内液体和血细胞进入组织的现象。渗出的液体称为炎性渗出液。以渗出变化为主的一类炎症称为渗出性炎。

增生及增生性炎症　是指因致炎因子和炎症区代谢产物刺激，活化了巨噬细胞、血管内皮和外膜细胞以及炎症区周围的成纤维细胞增生，使炎症局限化和损伤组织得到修复的过程。以增生变化为主的一类炎症称为增生性炎。

浆液性炎症　属于渗出性炎症的一种，渗出液中以血浆白蛋白为主，并有少量纤维蛋白和白细胞等。

卡他性炎症　是指黏膜组织发生的一种渗出性炎症。

纤维素性炎症　属于渗出性炎症的一种，以渗出液中含有大量纤维蛋白（纤维素）为特征，纤维素呈丝状、絮状、片状、网状和膜状，可悬浮于渗出液中，或覆盖于脏器黏膜或浆膜表面，或与脏器深层组织紧紧黏合。

化脓性炎症　属于渗出性炎症的一种，在炎症区渗出液中含有大量嗜中性粒细胞，并伴有组织坏死和脓液形成。

（二）健康生猪组织器官的彩色图谱

下列图示是一头 5 月龄的健康猪经放血致死后的各种脏器组织的形态。

1. 脑膜、脑组织

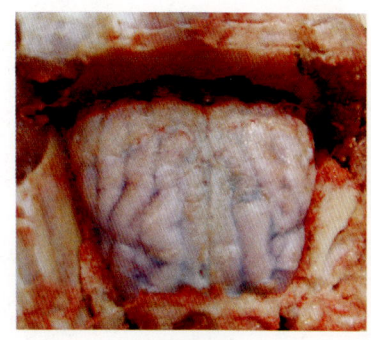 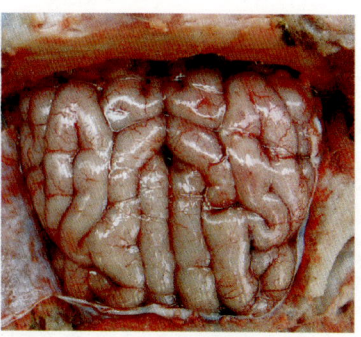

2. 皮肤、皮下组织、肌肉及结缔组织、颌下淋巴结

 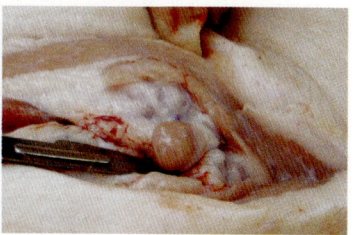

3. 扁桃体、会厌软骨

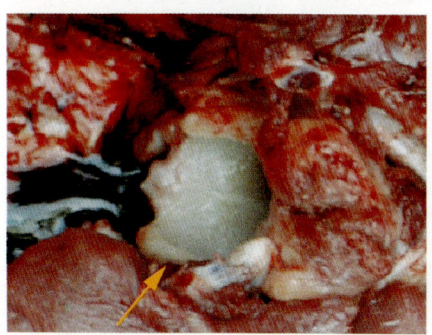 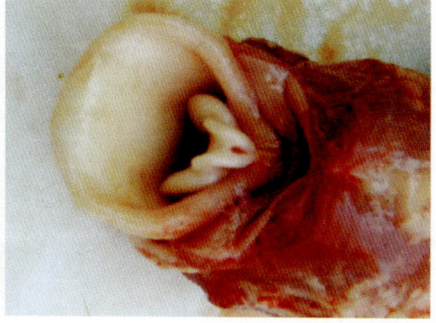

4. 胸腔及心、肺、胸膜、心包膜和胸壁肌肉

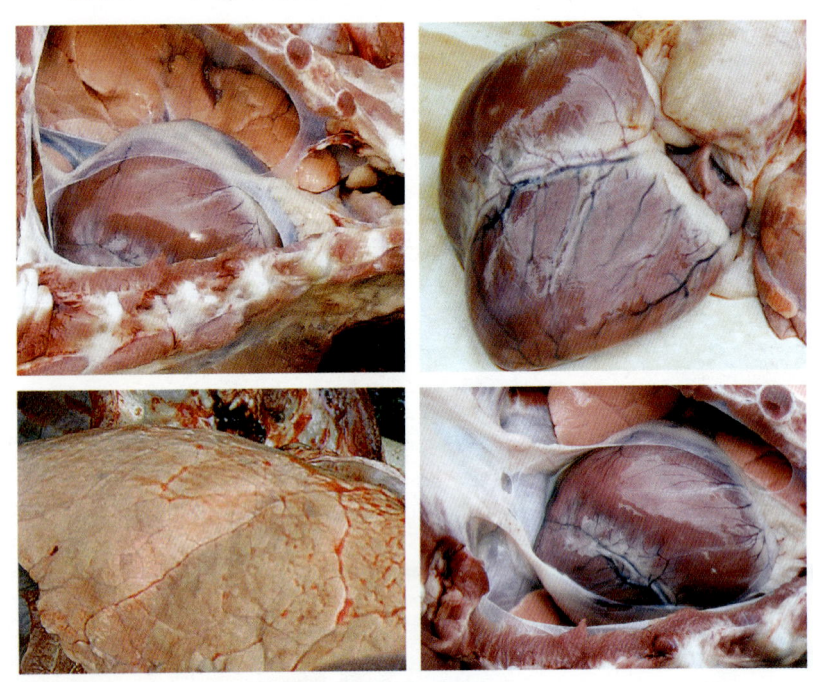

5. 腹腔及肝、胃、大肠、小肠和腹膜

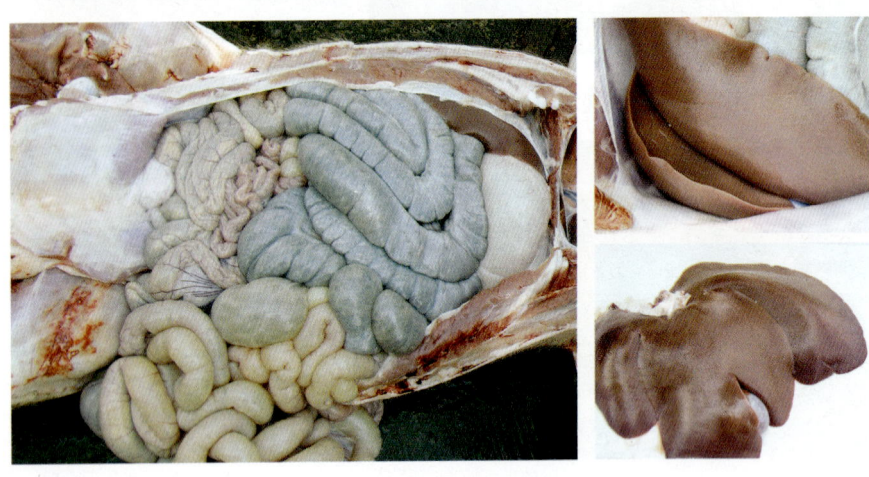

6. 胃、胃黏膜、结肠、脾脏

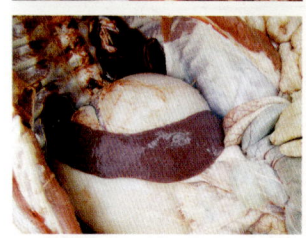

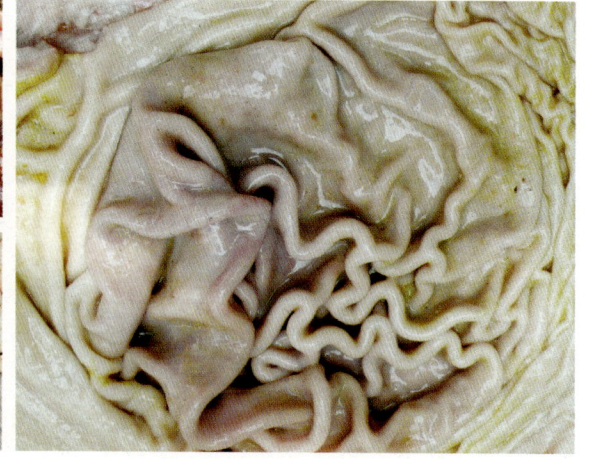

7. 小肠、肠系膜和肠系膜淋巴结

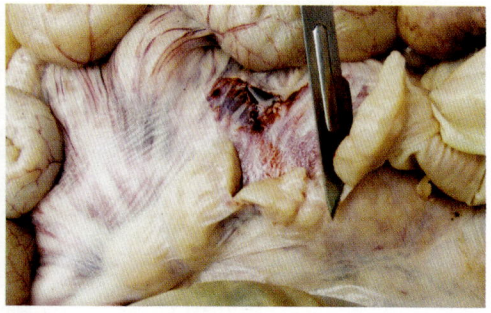

8. 肾脏、膀胱、直肠、腹膜和腹壁肌肉

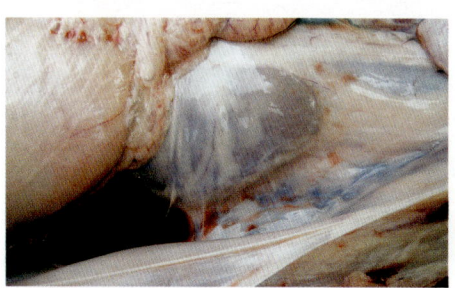

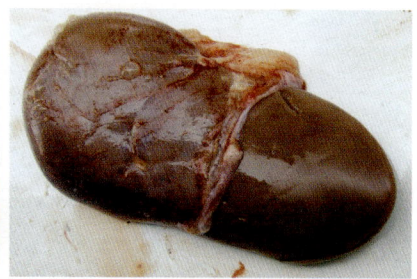

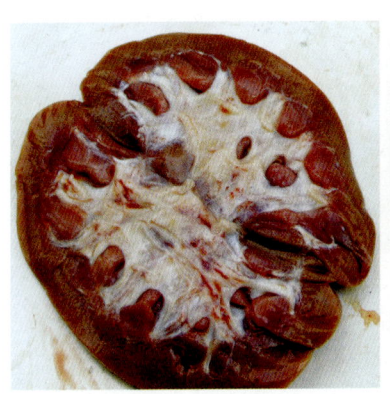
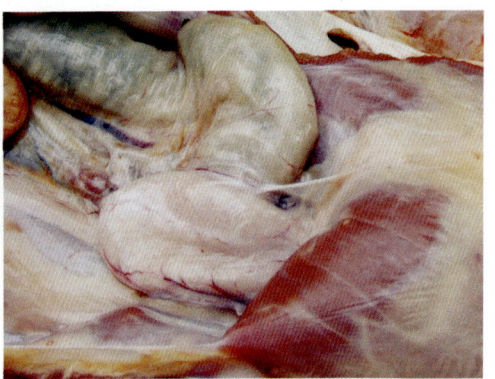

（三）检查了解病猪异常表现的基本方法与程序

采用正确的方法和程序来检查了解病猪的异常表现，是认识发病猪本质特征的前提，是对猪病作出正确诊断的关键。作为一名猪病诊治工作者，应首先学习和掌握正确的检查了解病猪异常表现的基本方法和程序。经过长期的临床实践，广大兽医科技工作者已经总结出了一套利用我们的眼、耳、鼻、手等感觉器官来正确检查了解病猪异常表现的基本方法和程序。随着科学技术的发展，检查了解病猪异常表现的方法也越来越科学，我们可以借助多种仪器设备，通过实验的方法进行检查。因此，现在检查了解猪病异常表现一般有三个步骤：即查病史、看体内外变化、做实验。具体方法是：问、望（视）、测、切（触）、闻（嗅）、听、剖检等和采集病料送实验室检验。

1. 问

就是以询问的方式，向饲养管理人员调查了解发病猪或发病猪群的病史，包括已经发现的病猪异常表现、发病时间、发病年龄、发病率和死亡率、病情发展态势、以往发病情况和周边地区发病情况、养殖管理方式以及发病前饲养管理方法包括饲料的变化等内容。

2. 望（视）

就是用肉眼观察病猪的异常表现及发病猪所处环境。一要观察猪群中病猪所占的比例和发病的主要群体。二要观察病猪全身体表变化、精神状态、排泄物变化、形态和姿势，以及呼吸、采食、运动等生理活动情况。三要观察发病猪所处环境状况。

3. 测

就是借助一些器械测量一些生理指标，主要测量病猪的体温、呼吸等参数。

4. 切（触）

就是用手去触摸病猪某一部位，以判定病变的位置、形状、温度、硬度与敏感性等，通常用来检查体表淋巴结变化、脓肿等肿块。

5. 闻（嗅）

就是用我们的嗅觉去辨别病猪的呼出气体、排泄物、分泌物和剖解后内脏及其内容物的气味变化。

6. 听

就是用我们的耳听病猪发出的异常声音，如咳嗽、气喘等声音。

7. 剖检

就是借助刀、剪等器械，对病死猪进行尸体剖解，以观察其体内各器官组织的异常变化。一要观察器官组织的大小、形态变化，二要观察器官组织的色泽变化，三要观察器官组织的质地变化，四要观察器官组织内有否异物及其性状。

8. 实验室检验

就是采集病死猪体上相应的样品（病料）送实验室，借助相应的仪器设备，采用相应的实验方法，检查肉眼等人感觉器官无法直接观察到的发病猪异常表现。此法常用来检查发病猪病原（病因）、微观病理变化等。

（四）简便实用的病（死）猪剖检方法图示

1. 放血致死

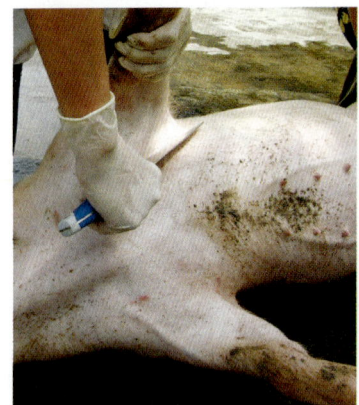
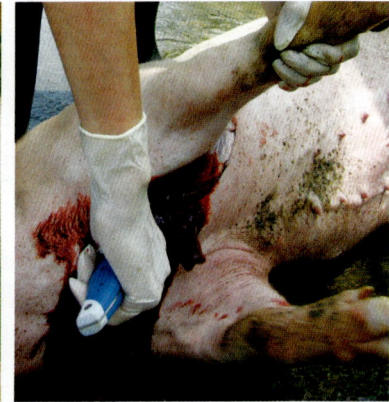

2. 猪尸体固定

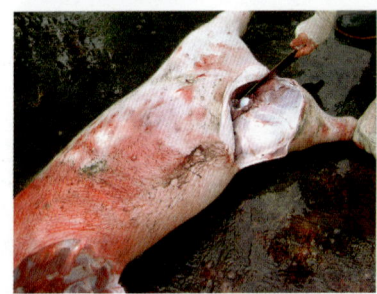
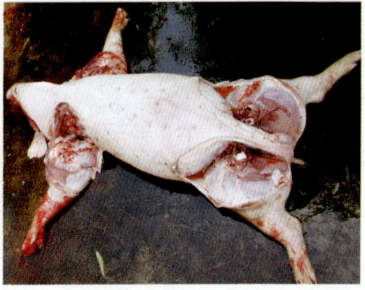

3. 胸腔打开

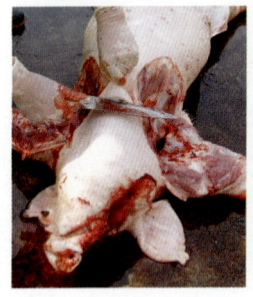
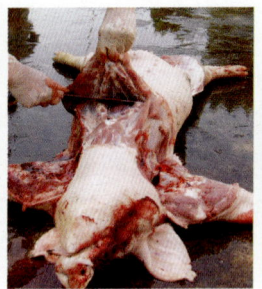
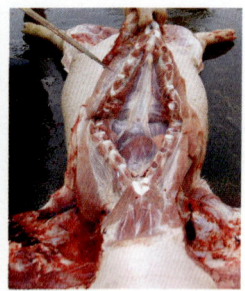

4. 腹腔打开

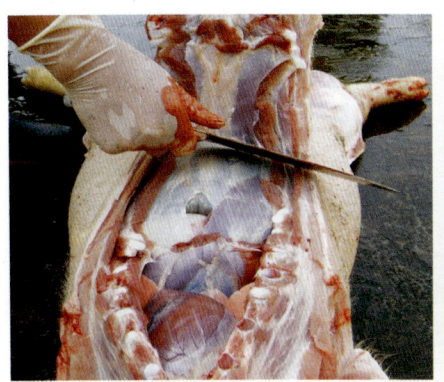
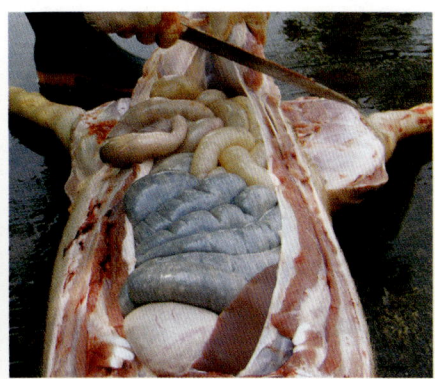

5. 肾脏检查

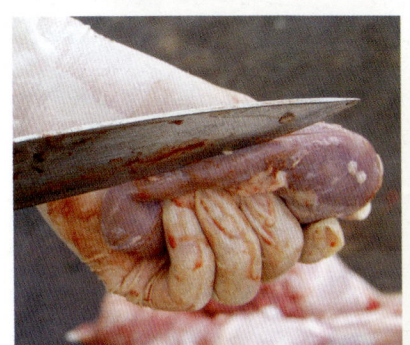
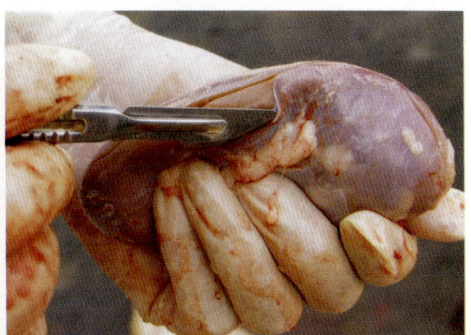
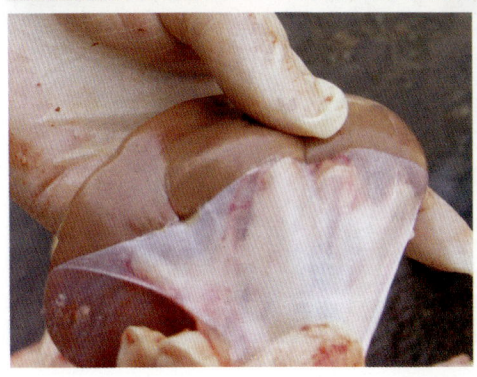
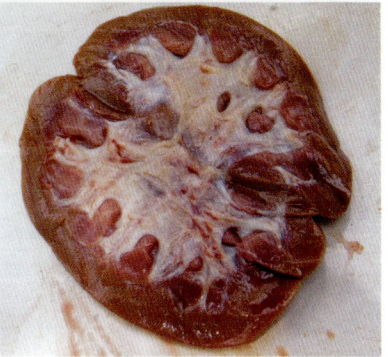

6. 淋巴结(颌下淋巴结、腹股沟浅淋巴结和肠系膜淋巴结)检查

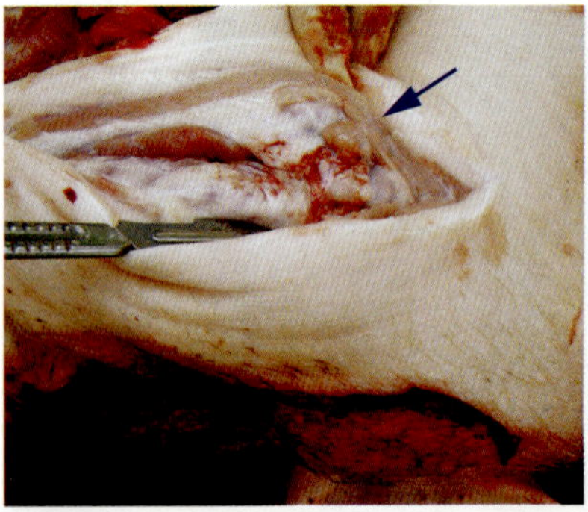

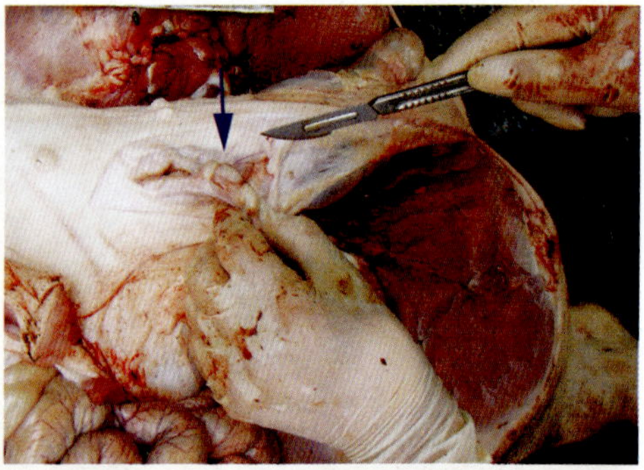

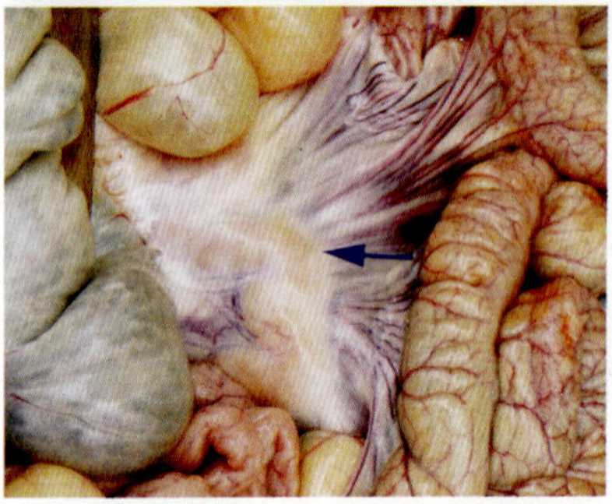

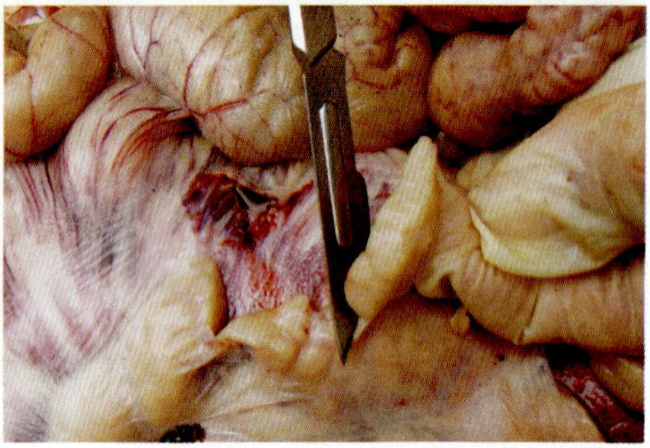

7. 扁桃体、膀胱检查

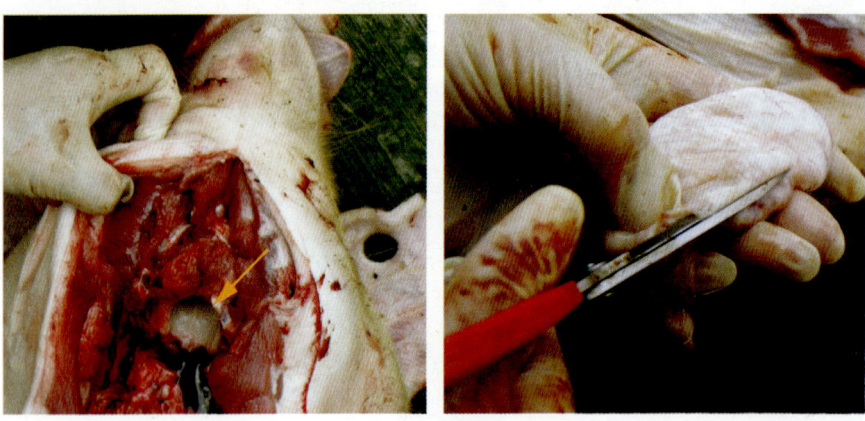

8. 脑部检查

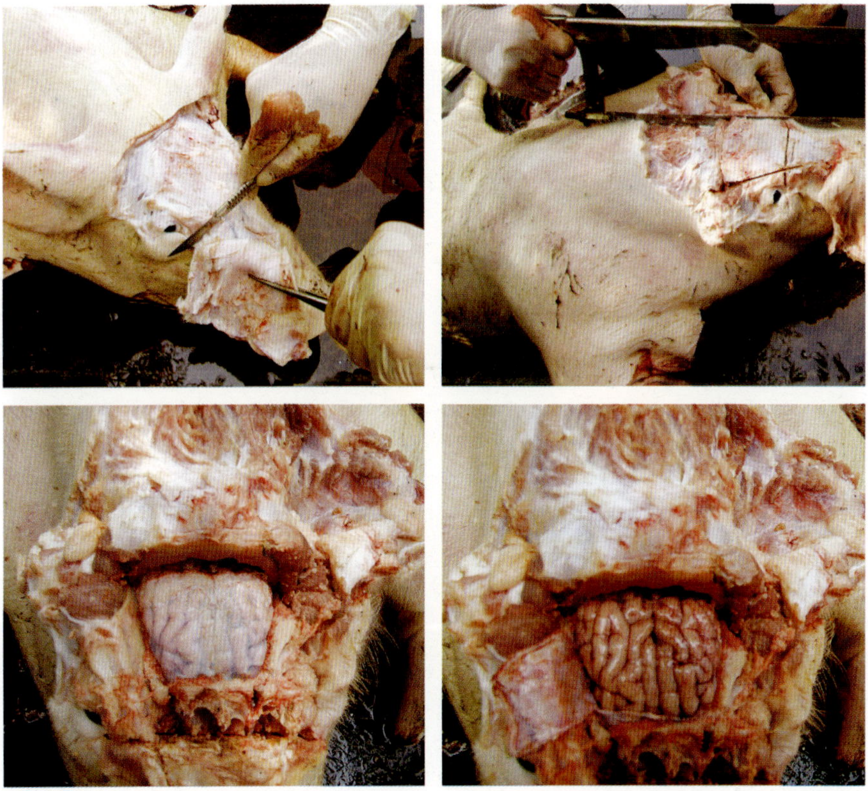

（五）疾病诊断过程中应注意的问题

生猪发病是一个复杂的过程，各种猪病表现形式也在不断变化。一方面，同一种猪病在不同的地方、不同的时间、不同的猪上发生，其表现形式可能不一样；在发病的不同阶段，表现也不一样。另一方面，不同的猪病却有许多相同的表现。因此，在临床诊断猪病时，应观察了解发病猪的各种表现，并进行比较、综合分析后才能作出判定。当生猪发生混合感染或继发感染时,病猪所表现的临床症状、病变和发病特点等将更为复杂,有的病猪同时感染了多种疾病后每种疾病的表现特征都有;有的病猪一种疾病的表现占主要地位;还有的病猪一种疾病掩盖了另外一种疾病的表现。如果发病猪所表现出来的各种症状确实复杂,那么要作出正确诊断,必须开展实验室检验工作。

二 各种病（死）猪异常表现及其相应的疾病

（一）体温异常及其相应的疾病

1. 体温升高（发热、病猪堆聚）

健康的生猪其体温一般在38.0～39.5℃之间（肛门测温，如图）。发热是指体温高于正常水平并呈现全身症状。发热是多数猪传染病和中暑等都有的临床症状，如猪瘟、口蹄疫、猪水疱病、日本乙型脑炎、猪流感、伪狂犬病、猪蓝耳病、链球菌病、猪丹毒、猪肺疫、猪附红细胞体病、副猪嗜血杆菌病、猪传染性胸膜肺炎、钩端螺旋体病等。但传染病不同或发病程度不同，发热程度、持续时间和变化规律（称为热型）也不一样。急性感染发病

时，体温一般较高，大多在41℃以上；亚急性、慢性感染时，发热程度较低，体温多数在41℃以下。如发生急性猪瘟、猪流感、猪肺疫、猪传染性胸膜肺炎时，会出现稽留热（体温在41～42℃或以上、昼夜体温温差在1℃以内，并可持续数日不退）；发生猪水疱病时，会出现短暂的高温（体温在41℃以上）；发生日本乙型脑炎时，体温也会升高（40～41℃），并会持续数天或十多天，当发病母猪流产后体温即刻恢复正常；仔猪发生猪传染性胃肠炎时，体温先短期升高后随之下降；发生猪痢疾时，体温一般不超过41℃；酒糟中毒也会出现体温升高的情况。

病猪堆聚在一起，也是病猪体温升高的一种表现。病猪互相堆聚在一起，目的是为了取暖，表明生猪恶寒怕冷，而实际上这些病猪都在发热，体

温常常较高,触摸其皮肤感觉发烫。发生猪瘟、猪流感或猪蓝耳病等传染病时处于发热期的病猪常有这种表现,发生仔猪副伤寒的病猪也可见到此现象。冬天猪舍环境温度过低时,猪也常聚集在一起。

2. 体温变化不明显

生猪发生某些疾病时,体温不一定升高或降低,基本维持在正常范围内。这种现象常见于一些中毒性疾病、多数寄生虫病、营养代谢病等。

3. 体温降低

即生猪体温低于正常水平。这种体温变化主要见于多种疾病的濒死期、产后瘫痪、内脏破裂等。当生猪发生严重营养不良时,体温也往往偏低。

(二)行为和神经系统异常及其相应的疾病

1. 精神不振(委顿),常呈嗜睡状

这是一种常见的临床症状,又称精神沉郁。表现为无精打采,不愿活动,常卧地闭目似睡;对食物不感兴趣,少食或不食;皮毛粗乱。大多数疾病在发病过程中均可出现这样的症状,所以这种异常表现在疾病鉴别诊断中意义不大。

2. 食欲不良或废绝

这是大多数疾病共有的症状,如口蹄疫、猪瘟、猪肺疫、猪丹毒、弓形体病或霉饲料中毒等多数传染病、寄生虫病和中毒病发生时,病猪均可表现出食欲不良或停食的现象。因此,在疾病鉴别诊断时要检查病猪其他异常变化。

二 各种病（死）猪异常表现及其相应的疾病

3. 狂躁不安、呼吸急促

少数疾病具有这种症状。长期或大量以酒糟作为饲料使用而发生酒糟急性中毒时，有些病猪因酒糟中酒精等物质刺激中枢神经从而表现出狂躁不安、呼吸急促等高度兴奋的现象；当猪偶尔被狂犬等撕咬而感染发生狂犬病后，病猪在兴奋期也有这样的症状。对狂犬病生猪应立即实施扑杀、销毁。

4. 转圈

生猪在发生某些疾病后，有部分病猪走动时，总是不由自主地倾斜着向一侧走，呈现出转圈的现象。有这种症状出现的疾病，很可能是脑膜脑炎型链球菌病、李氏杆菌病、食盐中毒等；发生伪狂犬病、大肠杆菌引起的猪水肿病时，有的病猪也有此症状。

5. 仔猪颤抖（震颤）

即仔猪发生阵发性痉挛，又称仔猪抖抖病。表现为躯体部分如耳、尾部的肌肉发生颤抖，一般以头部、四肢和尾部表现最为明显，严重时全身肌肉发生颤抖，全身呈剧烈的有节奏的阵发性痉挛。这种症状表现为群发性的，多见于初生仔猪，发病仔猪常因行动困难，无法吃奶而饿死。目前认为其病因可能是母猪感染了猪瘟、日本乙型脑炎、伪狂犬病、猪圆环病毒等。环境温度过低（寒冷）时，仔猪也会颤抖。

（选自潘耀谦等主编的《猪病诊治彩色图谱》，中国农业出版社，2004年）

6. 全身肌肉强直性痉挛（角弓反张）

发生强直性痉挛的病猪，其肌肉呈现长时间均等的连续收缩，且变得僵硬如木板。当全身肌肉发生强直性痉挛时，呈现出头颈、耳朵、腰背、四肢和尾巴全部强直僵硬，犹如一张拉紧的弓（角弓反张）。此症状是破伤风

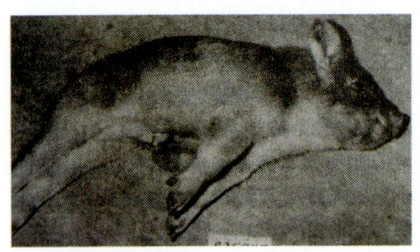

的特征，也见于急性食盐中毒、黄曲霉毒素中毒后期、一些伪狂犬病和脑膜脑炎型链球菌病病猪。

（选自赵德明、张中秋、沈建忠主译的《猪病学》第8版，中国农业大学出版社，2000年）

7. 肌肉阵发性痉挛

即单个肌肉或单个肌群发生短暂、迅速的一阵阵有节奏的不随意收缩，突然发生，并迅速停止。此症状多见于脑膜脑炎型链球菌病、李氏杆菌病、狂犬病、弓形体病耐过猪、食盐中毒；发生伪狂犬病和黄曲霉毒素中毒后期，有的病仔猪也有此症状。对狂犬病生猪应立即实施扑杀、销毁。

8. 共济失调

即生猪在站立或行走时，因肌肉群运动不协调导致身体体位和各种运动异常，表现出头和躯体摇摆不稳、或偏斜、或四肢叉开站立、或行走时步态摇晃笨拙等变化。此症状主要见于猪蓝耳病、伪狂犬病、链球菌病、猪水肿病、副猪嗜血杆菌病、李氏杆菌病、弓形体病、严重的猪囊虫病和旋毛虫病、酒糟中毒、黄曲霉毒素中毒后期、中暑和某些猪瘟病例，或因严重腹泻等原因导致体质极其虚弱的病例。

9. 病猪呈"观星"状

这是一种少见的神经症状，病猪表现为头颈后仰，四肢叉开，状似向天空观看，故称为"观星"症状。此表现主要见于发生李氏杆菌病的病猪。

二 各种病（死）猪异常表现及其相应的疾病

10. 口吐白沫或流涎

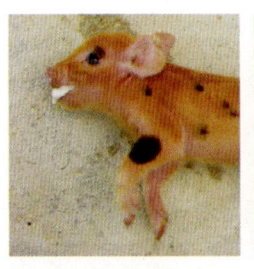

即从病猪口中流出、吐出大量唾液或白色泡沫状液体，可见嘴唇边缘挂满大量唾液或泡沫。此症状常见于伪狂犬病、链球菌病引起的脑膜脑炎、超急性猪肺疫、大肠杆菌引起的猪水肿病、李氏杆菌病等传染病，也见于食盐、有机磷农药、灭鼠药和一些灭虫剂中毒等。发生狂犬病的病猪可流出大量唾液。对狂犬病生猪应立即实施扑杀、销毁。

11. 呕吐

表现为胃内容物不由自主地经口腔排出。这是多种疾病常见的一种症状，如猪传染性胃肠炎、猪流行性腹泻、仔猪伪狂犬病、猪轮状病毒感染、严重的旋毛虫病和猪蛔虫病、中暑和一些猪传染性胸膜肺炎等。许多中毒病如霉变饲料、农药、杀虫剂中毒等也都有呕吐症状。

12. 咀嚼、吞咽困难

这是一种少见的症状。当发生严重的猪囊虫病或旋毛虫病时，这些寄生虫可在咬肌和有吞咽功能的肌肉中寄生，引起肌肉疼痛和功能受损，导致病猪咀嚼障碍、吞咽困难、减少饮食或不能饮食。

13. 后躯往后倾斜

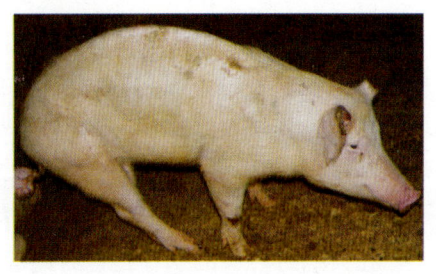

这是猪发生后躯麻痹的结果，猪站立时，表现为整个躯体向后倾斜。发生猪蓝耳病时，部分病猪可能出现这样的症状；也偶见于猪瘟病猪后期病例、发生钩端螺旋体病仔猪和弓形体病耐过猪等。

14. 后躯瘫痪呈犬坐式

这是猪的后躯发生严重麻痹的结果。由于后肢无法站立，发病猪只能坐着，呈犬坐式姿势。发生猪蓝耳病时，部分病猪可能出现这样的症状；偶见于猪瘟病猪后期病例、猪附红细胞体病、发生钩端螺旋体病仔猪和弓形体病耐过猪等；患伪狂犬病、食盐中毒的一些病猪因后肢麻痹也呈犬坐式。

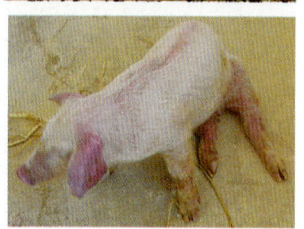

15. 跛行

跛行可发生于任何一肢，都因该肢受到各种损害而引起。除机械性损伤外，多种传染病也可损害四肢。发生口蹄疫时，病猪蹄子会受到伤害；发生链球菌、副猪嗜血杆菌、猪丹毒、布鲁氏菌、衣原体感染，会引起关节炎；发生日本乙型脑炎时，有的病猪也会因后肢关节肿胀、疼痛而跛行；猪圆环病毒2型感染发病严重猪，有的也可有此症状。

16. 四肢麻痹或卧地不起

长期或大量以酒糟作为饲料使用而发生酒糟急性中毒时，有些严重的病猪可出现四肢麻痹而卧地不起。但卧地不起的临床症状，在各种疾病的重症病猪或濒死期都可出现。因此，在疾病鉴别诊断时要检查其他异常变化。

17. 倒地后四肢呈游泳状运动或乱划动

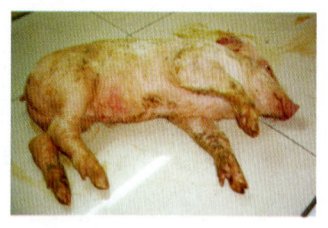

病猪倒地后肌肉痉挛，四肢不由自主地前后摆动，状似游泳或无规则划动。此症状多见于猪水肿病、脑膜脑炎型链球菌病、李氏杆菌病、食盐中毒、中暑等；发生猪蓝耳病、伪狂犬病时，有的病仔猪也有此症状。

18. 脑充血和（或）出血

用钢锯等小心打开病死猪头骨，可见脑膜色泽发红，脑血管怒张；出血时脑膜或脑组织上有数量不等的、鲜红色或红色的斑点，严重时整个脑组织外表如用红色液体染过一般，呈红色或暗红色，颅腔中有血液。这种病变多见于脑膜脑炎型链球菌病、伪狂犬病、日本乙型脑炎、中暑和酒糟中毒等。

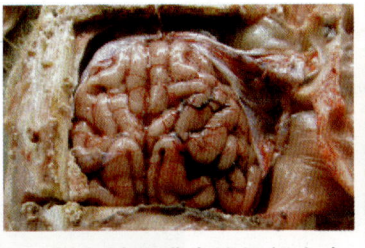
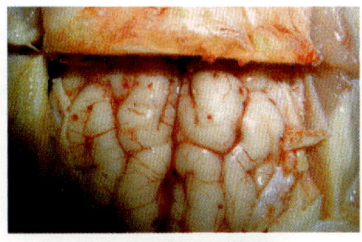
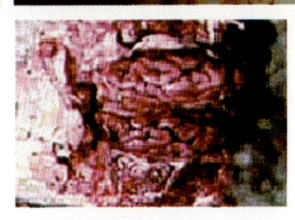

19. 大脑水肿

用钢锯等小心打开病死猪头骨后，大脑发生水肿时，可见脑实质肿胀柔软，脑回变粗变平，脑沟变浅，色泽变淡，脑膜紧张；切开脑组织，可见其湿润多汁，富有水样光泽。此病变可见于大肠杆菌引起的严重的猪水肿病、李氏杆菌病、日本乙型脑炎母猪流产的胎儿。

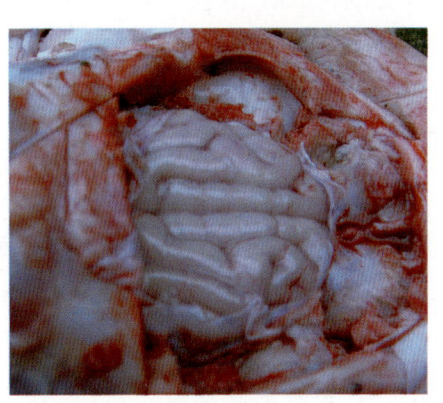

（三）体表异常及其相应的疾病

1. 断奶仔猪机体逐渐消瘦（弓背露骨）

这是病猪生长发育受阻的结果，表现为营养不良、消瘦、弓背露骨、行走无力。这种现象常见于由猪圆环病毒2型引起的断奶后多系统衰竭综合征的猪群，以及亚急性或慢性猪瘟、仔猪副伤寒、慢性猪附红细胞体病、不易

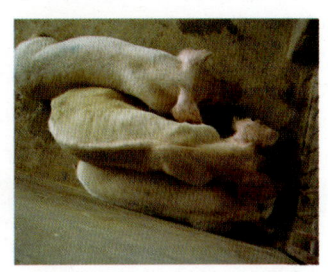

康复的猪气喘病、多种急性传染病转为慢性的病猪,也见于许多寄生虫病和其他原因引起的散发性僵猪。因此,诊断疾病时应详细检查其他异常表现。

2. 全身皮肤潮红

此症状在白色品种猪身上才能被发现。一般见于生猪发病初期,常由生猪体温升高引起。病猪全身皮肤通红,触摸有热感,严重的局部皮肤颜色变深红。此症状常见于猪蓝耳病、急性链球菌病、猪肺疫、部分猪丹毒病例、育肥猪发生猪附红细胞体病等发热期和早期。这也是在高温季节猪发生中暑的表现。刚经过较长时间日晒的生猪皮肤也会潮红。

3. 全身皮肤苍白

此症状在白色品种猪身上才能被发现,即病猪皮肤色泽比正常时更白,这是由多种因素引起猪贫血的结果。引起贫血的病因,在仔猪常是由缺铁引起,其他病因可见于由猪圆环病毒2型引起的仔猪断奶后多系统衰竭综合征、慢性猪附红细胞体病、出血性的猪增生性肠病或一些寄生虫病等导致的营养不良症。

4. 全身皮肤发黄

此症状在白色品种猪身上才能被发现,是病猪发生了黄疸的一种表现。黄疸症状可见于钩端螺旋体病病猪、猪圆环病毒2型引起的仔猪断奶后多系统衰竭综合征的一些病猪、发生慢性猪附红细胞体病的一些病猪、酒糟中毒病程长的病猪。

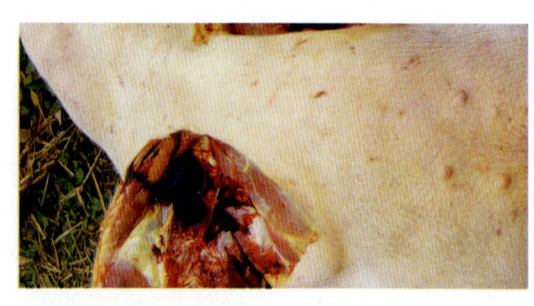

二 各种病（死）猪异常表现及其相应的疾病

5. 皮肤发紫坏死

病猪出现这种症状需要一个过程，常是病初皮肤连片出血，呈紫红色，后呈紫色或蓝黑色，随着病程的发展，皮肤渐渐坏死、干枯。坏死面积不一、部位不定，严重的遍布全身。猪瘟或猪附红细胞体病发病猪群中部分病猪会出现此病症。

6. 头部、腹侧、四肢、臀部和尾巴等处皮肤出现紫红色斑

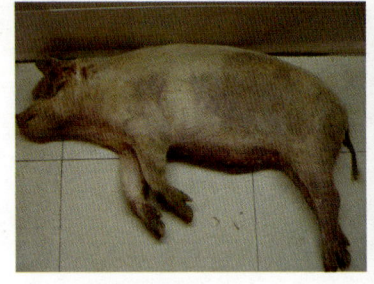 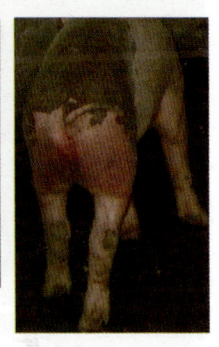

许多传染病病猪发病的后期，会出现多处皮肤尤其头鼻、耳郭、四肢、尾巴等的末端和臀部、腹部的皮肤发紫，这是皮肤淤血、出血的结果。猪瘟、猪蓝耳病、链球菌病、猪肺疫、仔猪副伤寒、副猪嗜血杆菌病、弓形体病、猪附红细胞体病、猪传染性胸膜肺炎、部分急性猪丹毒等病猪均可有此表现。有的病猪因病程较长，耳尖、尾部等处发生坏死。

7. 皮肤上有散在的斑点状炎症（皮炎）

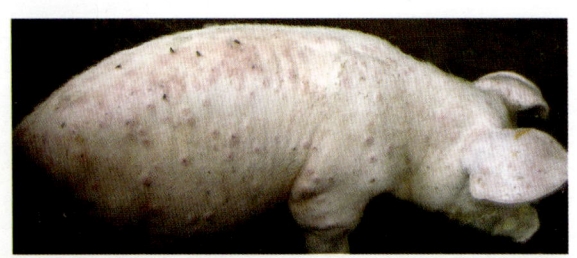

这是一种有一定特征的皮炎，表现为病猪皮肤上有圆点形或形状不规则、呈红色到紫色的病变，病变中央常呈黑色，病变可融合成大的斑块。这些病变通常出现在猪的后腿、腹部，也可扩散至喉、背侧或耳。这是由猪圆环病毒2型感染引起的猪皮炎—肾病综合征的一种特征性表现；

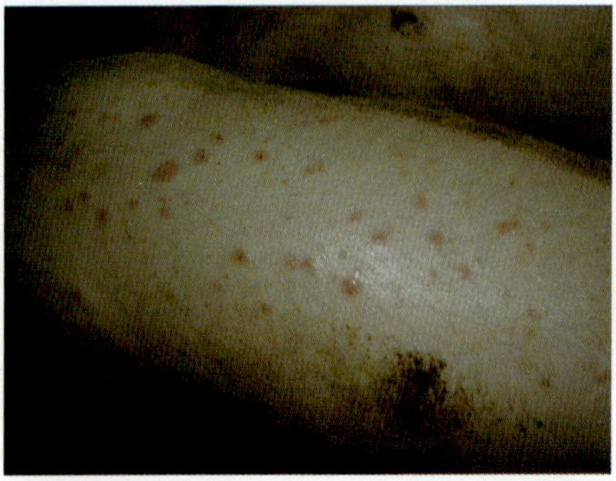

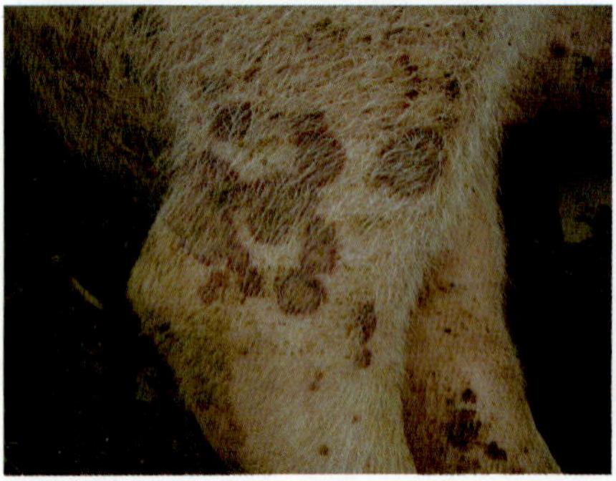

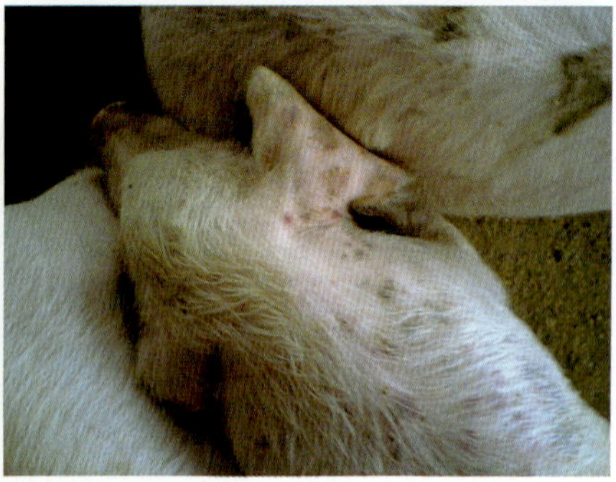

猪的耳背、臀部被蚊子叮咬后也会出现斑点状的炎症；酒糟中毒也可出现皮疹皮炎，病程长的猪瘟病猪会有出血现象的斑块。

8.渗出性皮炎（皮肤发炎并有油腻感）

这是以渗出为主要变化的一种皮肤炎症。病初在眼睛周围、耳郭、面部及鼻背部皮肤，以及肛门周围和下腹部等无毛处皮肤出现红斑，继之成为3～4毫米大小的微黄色水疱并迅速破裂，渗出液体，手触摸有油腻感；

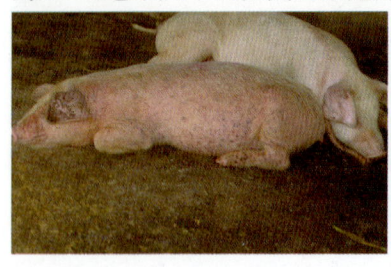 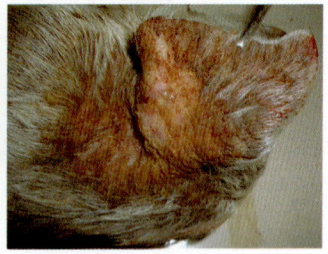

渗出液常与皮屑、皮脂和污物混合，干燥后形成痂皮；皮肤病变发

展迅速，在24～48小时内可从一小片病变蔓延至全身。这是葡萄球菌感染引起的猪渗出性皮炎。

9. 耳、鼻盘、四肢末端、腹部和臀部等处皮肤出血

一些疾病发生后，在耳、鼻盘、四肢末端、腹部和臀部等部位的皮肤出现呈点状、斑点状、块状或片状出血，出血斑点呈红色或紫色，周边与非出血区界线明显。此为猪瘟、仔猪副伤寒、弓形虫病常见的症状，也见于败血性链球菌病、李氏杆菌病等。

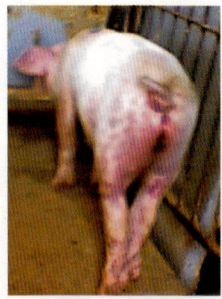
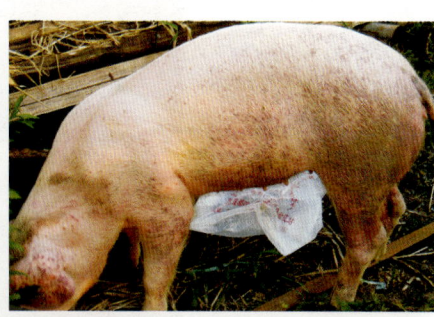
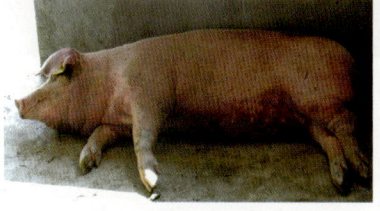
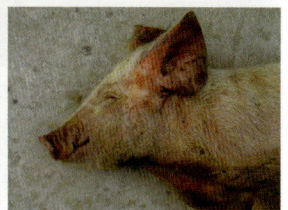

10. 皮肤粗糙、龟裂

这是疥螨（一种寄生虫）寄生在猪皮肤中引起的皮肤寄生虫病（猪疥螨病），俗称疥癣、癞病。由于大量虫体在皮肤寄生，导致皮肤发生炎症而形成小结节，同时引起生猪剧痒，致使猪经常摩擦发痒的皮肤，使皮肤破损发生感染而形成化脓性结节或脓疱，破裂后形成结痂糙裂。多数情况下因受渗出物浸润和虫体在皮肤内穿行影响，皮肤角质层可发生剥离，或形成大面积结痂。严重者，患部脱毛，皮肤增厚而失去弹性或形成皱褶。

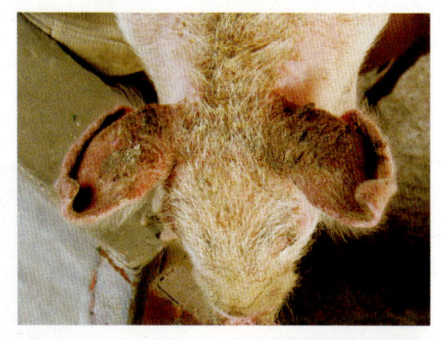

11. 体表有局灶性脓肿（溃烂）

此病变是由于皮肤损伤，或因注射消毒不严引起感染所致。可在体表的任何部位发生，多见于皮肤易损伤的部位和注射部位。脓肿数量不等，呈圆球形凸起；大小不一，大的似鸡蛋。触诊时

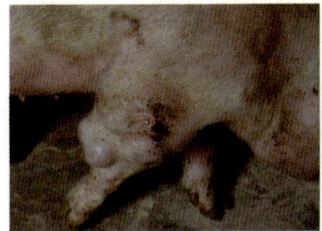 
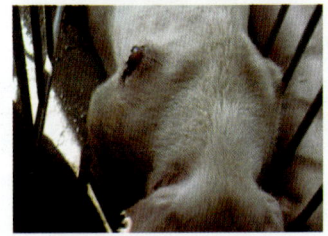 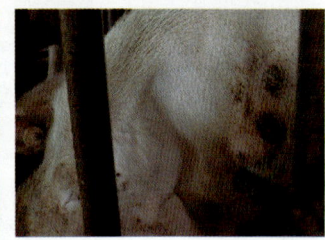

有的脓肿有波动感，用针穿刺可能有脓液。时间长后有的脓肿可能破溃，发生糜烂和溃疡，也可形成结痂。病猪一般无其他异常变化。此病变多为链球菌感染，表明环境中链球菌污染严重。

12. 吻突上出现水疱（或水疱破裂后溃烂）

这种症状有一个发展过程。起初猪鼻盘边缘出现水疱，水疱清亮，大小不一，大的比大豆大，小的比豌豆小，水疱数量1个或数个。过12～36小时后水疱破裂，破裂后因感染而溃烂结痂。这是生猪得了口蹄疫或猪水疱病等疫病后出现的临床症状。

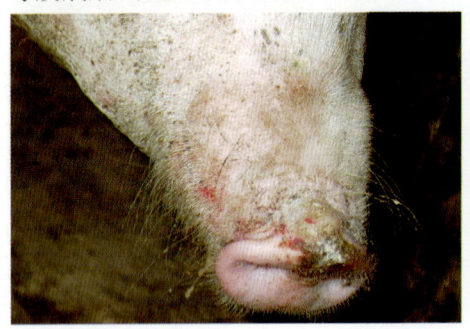 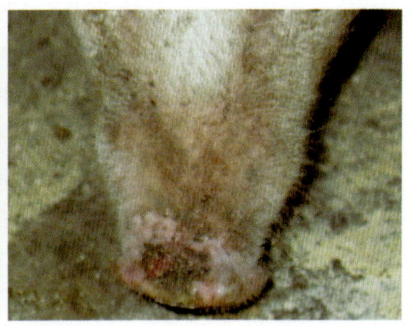

13. 嘴鼻弯曲

嘴鼻发生弯曲时，鼻腔向一侧歪斜，脸部变形，上下腭不能对齐，吃食困难。出现这种症状的病猪，初期可能表现为打喷嚏、流黏液，或鼻孔流出血液、呼吸困难等情况。这表明生猪发生了猪传染性萎缩性鼻炎。

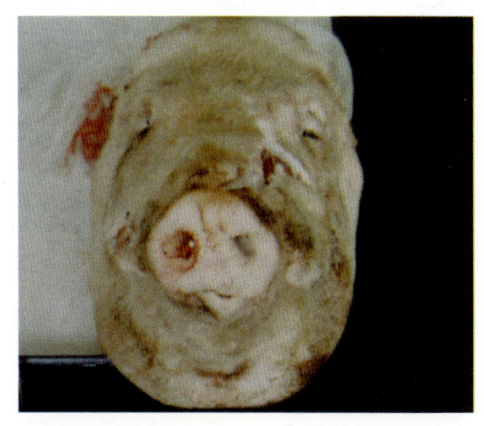

14. 眼睑水肿

当眼睑水肿时，可见上、下眼睑肿胀，切开肿胀部呈灰白色凉粉样，流出少量白色或淡黄色液体。该现象是大肠杆菌引起猪水肿病的一个特征，也见于伪狂犬病、副猪嗜血杆菌感染引起的多发性浆膜炎与关节炎、葡萄球菌感染和部分旋毛虫感染病猪等。仔猪发生急性猪蓝耳病时也有此症状。

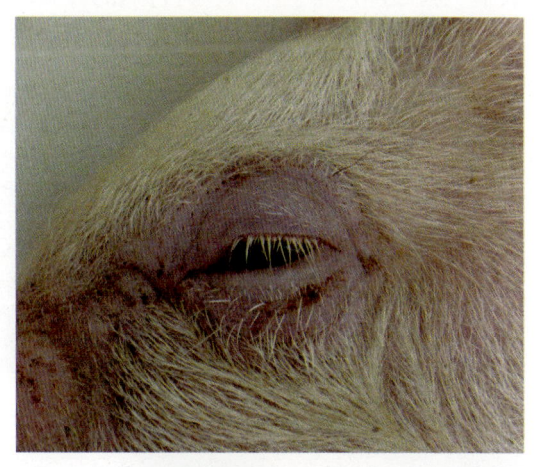

15. 眼圈肿胀发绀（似熊猫眼）

病猪出现这种现象时，与单纯的眼睑水肿不一样，不仅整个眼周一圈肿起来，而且肿胀部位颜色变得深暗红甚至呈暗紫色，好像是熊猫的眼睛。此种症状有时在猪圆环病毒感染的病例中可以见到，有时在发生猪蓝耳病的病猪中发现。

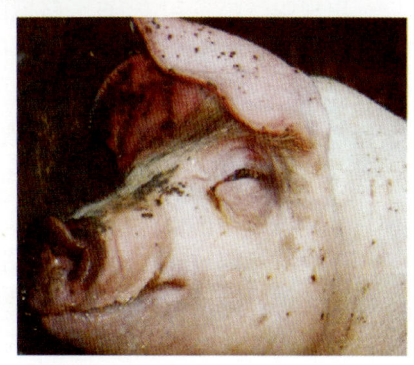

16. 眼睛下陷

这是猪机体严重脱水的一种表现。引起猪脱水的原因是机体水分丧失过多或摄入不足，如猪传染性胃肠炎、猪流行性腹泻、猪轮状病毒感染、伪狂犬病、仔猪球虫病、严重的猪毛首线虫病、仔猪黄痢、猪痢疾等病引起的严重呕吐或腹泻、中暑引起的大出汗，均可使机体大量水分丧失；又如猪瘟、日本乙型脑炎、伪狂犬病、猪圆环病毒感染引起抖抖病的仔猪，或发生破伤风时，猪由于不能饮水（吃奶）而造成脱水；发生食盐慢性中毒的猪也可出现此症状。

17. 眼结膜出血

猪眼结膜发生出血时，其眼睛上可见有大小不一的鲜红色出血斑块。这是急性猪瘟病猪的一种出血症状。

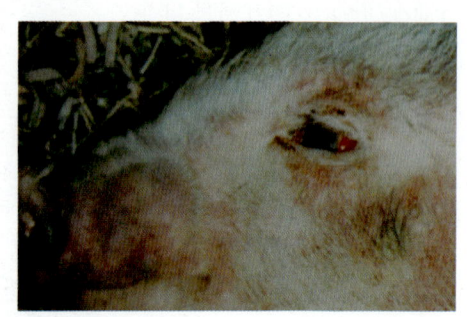

（图片中除眼结膜出血外，嘴部等处也出血）

18. 眼结膜炎和浆液性到黏液脓性流泪

出现眼结膜炎和流泪时，轻度的，眼内有浆液性到黏液脓性分泌物；严重的，眼内分泌物常很黏稠以致引起上下眼睑粘连，甚至使猪失明。具有这种症状的猪病多为猪瘟、猪渗出性皮炎、急性链球菌病、猪流感、猪传染性萎缩性鼻炎、仔猪副伤寒、酒糟中毒、部分猪附红细胞体病等。

19. 眼睛失明

在没有其他病症时，猪的失明很少见到。有资料称，发生急性伪狂犬病的康复猪可能会出现失明，发生对氨基苯砷酸中毒猪经过较长时间后最终也会失明。猪囊虫寄生于眼内或酒糟慢性中毒亦可引起失明。

二 各种病（死）猪异常表现及其相应的疾病

20. 耳朵发紫（发绀）

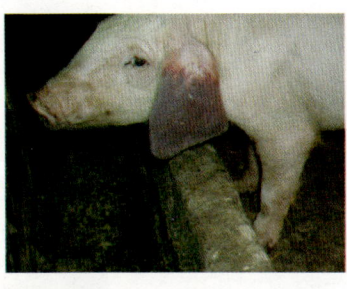
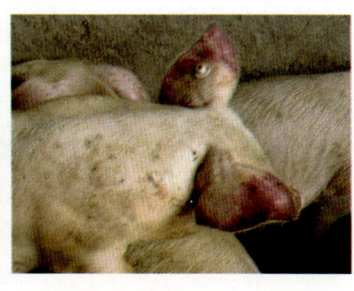

当发生某些疫病时，发病猪群中一部分病猪其耳尖、耳背或耳的边缘发生出血或淤血而呈现紫红色，少部分病猪的耳部和其他部位皮肤也可见发紫。这是猪蓝耳病、猪瘟、猪附红细胞体病、仔猪副伤寒等病的一种特征性表现。也见于发生猪传染性胸膜肺炎、副猪嗜血杆菌病、链球菌病、弓形体病等的病猪。

21. 耳朵水肿

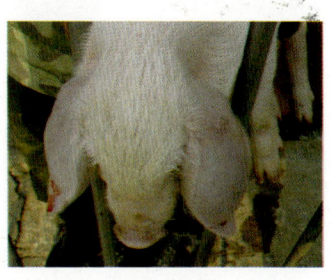

这是一种少见的症状。耳朵发生水肿时，耳朵肿胀、富有弹性，有的呈一侧，有的两只耳朵均水肿，严重时两只耳朵似两个垂挂的囊，针刺时有液体流出，时间长后可能发生坏死，也有的可康复。引起这种症状的病因，至今还不明确，可能与猪圆环病毒2型感染或猪蓝耳病、葡萄球菌、链球菌感染等有关，也可能是抓耳朵保定仔猪导致耳朵损伤引起。

22. 颈下咽喉部肿胀

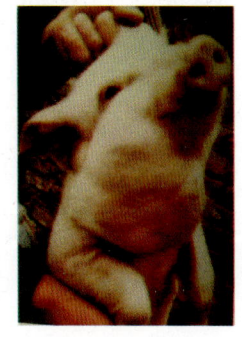

当生猪咽喉部肿胀时，整个颈下变粗，皮肤绷紧，可能呈紫红色，触诊有硬感；切开肿胀部位后可见有广泛的组织液渗出，有明显的黄红色胶冻样液体浸润。这种症状一般是急性猪肺疫的特征表现，猪偶尔发生局部性咽型炭疽时也有此症状。

（选自甘孟侯等主编的《中国猪病学》，中国农业出版社，2005年）

23. 躯干皮肤出现有规则的但色泽和形态不一的疹块

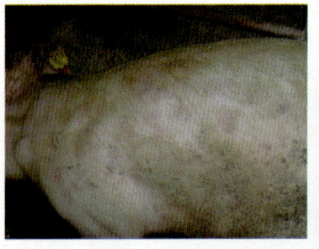
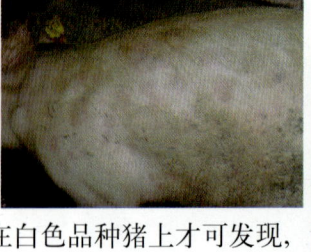
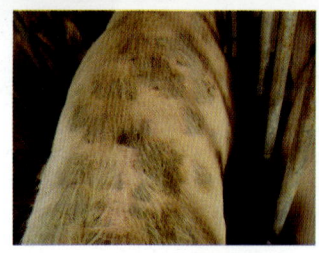

皮肤上发生的疹块可出现在胸、腹、背、肩、四肢等部位，在白色品种猪上才可发现，在黑色品种猪上不易见到。疹块大小1厘米至数厘米，数目数个至数十个，触之硬实，形状为四边形或圆形，稍凸起于皮肤表面。初期疹块充血发红，指压褪色，后期淤血呈紫蓝色。轻者，这些疹块可在数日内消退脱落；重者，融合成块，可

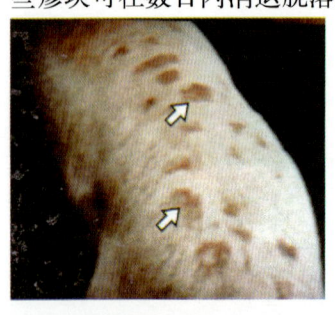

导致皮肤大块死亡结痂，多数并可脱落自愈。不论何种情况，疹块消除后常留下痕迹。在发病猪群中可同时见到不同形态和不同色泽的疹块。这是典型的疹块型猪丹毒的表现。

（选自潘耀谦等编的《猪病诊治彩色图谱》，中国农业出版社，2004年）

24. 母猪乳头上有水疱（或水疱破裂后溃烂）

这种症状有一个发展过程。起初病猪乳头上出现水疱，经12～36小时后水疱破裂，破裂后因感染而溃烂，严重时整个乳头呈糜烂状甚至烂掉。由于各病猪发病时间不同，一群病猪中，可同时见到有水疱、或水疱破裂、或溃烂的病猪。如发病的是哺乳母猪，因疼痛拒绝哺乳，乳房肿胀。

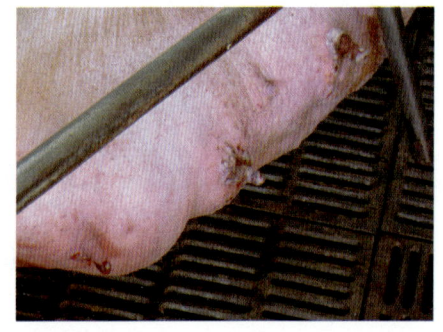

这是口蹄疫或猪水疱病病猪出现的一个特征性症状。

25. 乳房红、肿、热、痛（乳房炎）

在卫生条件差的情况下，哺乳母猪的乳房可发生大肠杆菌、链球菌等细菌感染而引起的乳房炎，表现为乳房肿胀、发红，触摸有热感，猪表现疼痛，泌乳减少甚至停止，可从乳头中挤出乳清样液体和凝乳块甚至是脓样、干酪样物质。治疗乳房炎一般采用抗菌疗法，在通过输液或肌肉注射给药的同时，可通过乳头管注入抗菌药物。

26. 脐部或阴囊部有囊包

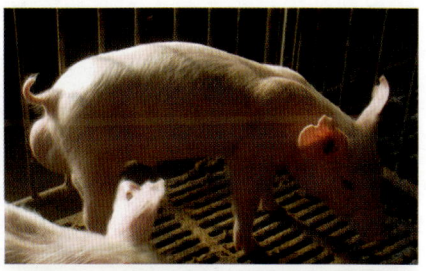
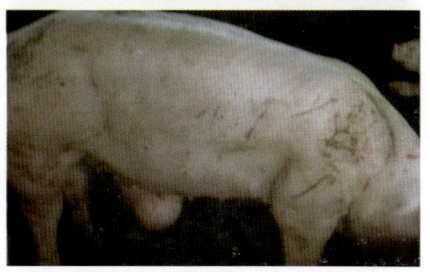

猪的脐部或阴囊部出现囊包，如猪群呈零星发生，触诊肿胀部位有波动感，患猪又无其他明显异常时，可能是腹腔中的肠管游走到脐部的皮下或阴囊中，称之为疝（又叫赫尔尼亚）。前者为脐疝，是因仔猪断脐不当或脐带发生感染导致脐孔不能闭锁引起；后者为腹股沟阴囊疝，是因腹股沟肌肉松弛扩大引起；从而使腹腔中游离的肠管连同腹膜一起移走到脐部皮下或阴囊中。也有先天性的疝。有的疝可能很大，以至可拖曳到地上。有的疝时间长后，疝内的肠管可发生粘连，严重的可发生化脓，不及时处理可引起疾病。治疗此病，一般采用外科手术切开疝囊，将肠管退回腹腔，缝合疝孔。

27. 直肠脱出（脱垂）

当直肠末端黏膜或直肠后段全层肠壁脱出肛门外而不能自行复位时，表明猪发生了直肠脱出。产生这种现象的原因较复杂，其中常见的有反复腹泻、怀孕、难产、突然改变饲料、剧烈咳嗽、慢性便秘、遗传因素、各种原因造成的里急后重等因素。值得注意的是,使用雌激素类药或因饲用含有玉米赤霉烯酮的霉变饲料造成中毒(引起里急后重)也可导致直肠脱出;有报道称,饲喂含有林可霉素或泰乐菌素的饲料有可能会引起这种现象。

28. 母猪阴户肿胀

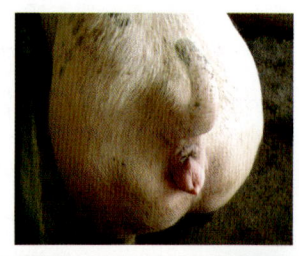

未到性成熟的后备母猪或未在发情期的生产母猪,如果出现阴户明显红肿或同时可能伴有发情现象,表明这些母猪生殖机能发育异常。这种情况常是采食了含有玉米赤霉烯酮(有雌激素样作用)的霉变饲料发生中毒引起生殖器官病变的结果。如果是后备母猪中毒,同时

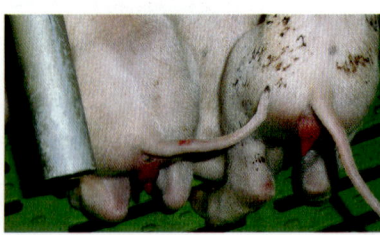

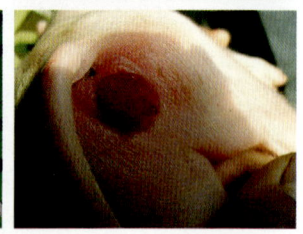

可见乳腺过早发育;如果是怀孕母猪发生,还可能出现流产、早产等症状。

29. 阴道或(并)子宫脱出(脱垂)

母猪发生这种现象并不多见。发生原因还不完全清楚,有的可能是遗传性的,特别是饲养在潮湿环境中的母猪,更容易发生脱垂。值得注意的是,当饲用含有玉米赤霉烯酮的霉变饲料,导致母猪发生霉饲料中毒后可出现这种情况。配种、分娩损伤等也可能引起这种现象。还有一些不明原因会导致围产期和第一次发情后发生脱垂。

30. 公猪睾丸肿大

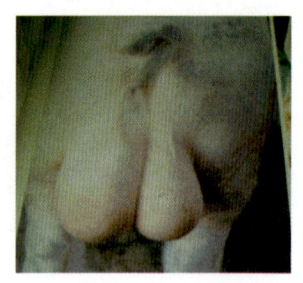

有的一侧睾丸肿大,有的两侧均肿大;肿大时触摸睾丸有热痛感,肿胀消失后睾丸可能萎缩、变硬。这种症状是公猪发生日本乙型脑炎的特征性表现。患有布鲁氏菌病和衣原体病的公猪也有此种表现。

31. 公猪睾丸萎缩

有些疾病在不同的病程阶段病猪睾丸出现不同的变化,如发生日本乙型脑炎、布鲁氏菌病或衣原体病的公猪,在发病后期即睾丸肿胀消退后往往出现睾丸萎缩的结果。当后备公猪因饲喂含有玉米赤霉烯酮(有雌激素样作用)的霉变饲料引起中毒后也导致睾丸萎缩。

32. 关节肿胀

关节部位肿起,多为一侧,也有多个关节发生肿胀,肿胀程度也不一。此症状常见于慢性链球菌病、副猪嗜血杆菌病、慢性猪丹毒、关节炎型衣原体病。猪患了布鲁氏菌病时,也会发生关节炎,并多见于后肢关节肿胀。剖开肿胀的关节,可见关节囊内液体增多。如副猪嗜血杆菌感染后期,则可见关节表面附着淡黄色蛋皮样或条索样纤维素;如发生链球菌病,则可能见有脓汁。发生日本乙型脑炎时,有的病猪后肢关节也肿胀。

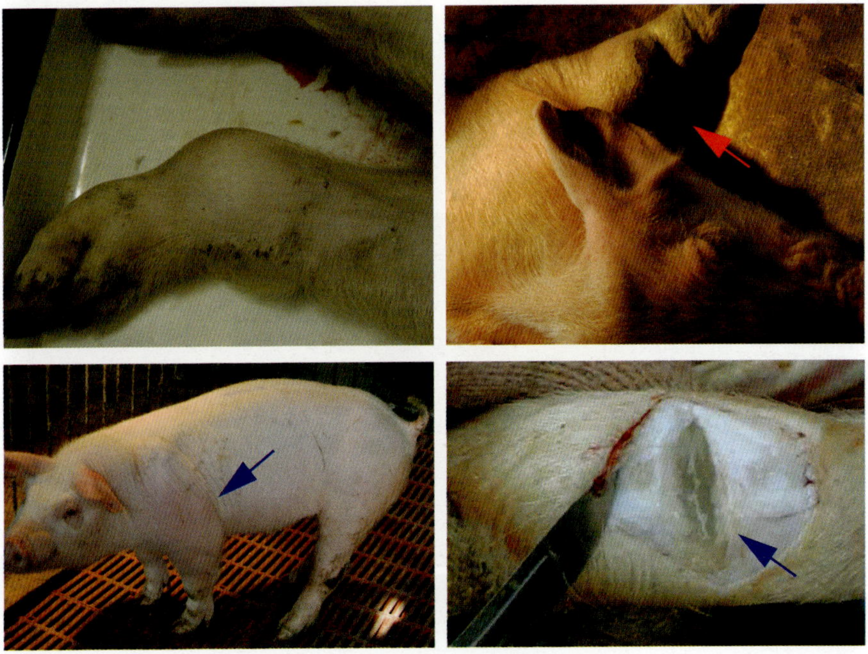

33. 蹄部有毛无毛处有水疱（或水疱破裂后溃烂，或蹄壳脱落）

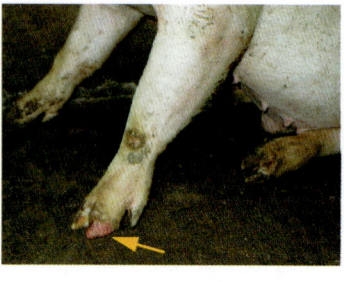
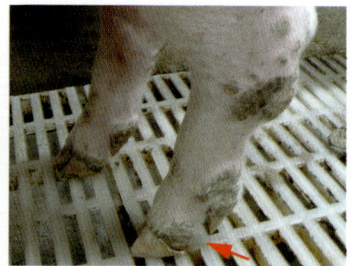
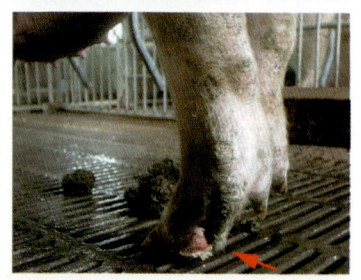

这种症状有一个发展过程。起初蹄部有毛无毛处出现水疱，后破裂，破裂后因感染而溃烂，有的因运动导致整个蹄壳脱落，但多数随着伤口的渐渐愈合，蹄壳与皮肤间成一裂痕。由于各病猪发病时间不同，一群病猪中，可同时见到有水疱、溃烂或蹄壳脱落的病猪。这是口蹄疫或猪水疱病发病猪上出现的特征性症状。

（四）皮下、肌肉、脂肪和骨骼异常及其相应的疾病

1. 皮下毛囊出血

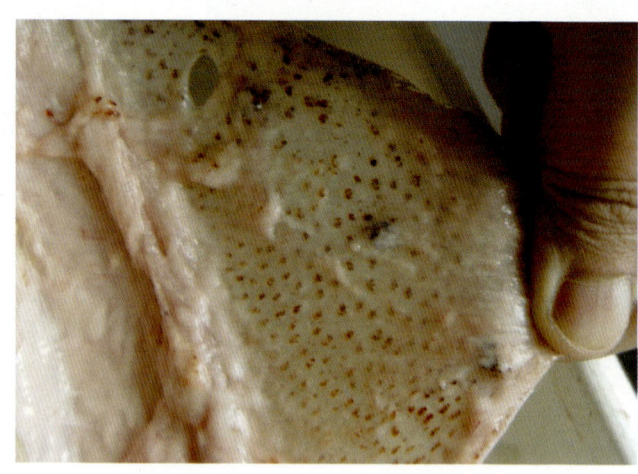

有这种病变时，沿皮肤与皮下组织间用刀割开，掀起皮肤，可见皮肤内侧上的各个毛囊呈红褐色或紫红色，好似有颜色的小点均匀地散布在皮肤上。发生猪蓝耳病的病猪可能有这种病变。

二、各种病（死）猪异常表现及其相应的疾病

2. 皮下组织出血

当皮下出血时，割开掀起皮肤，可见在皮下的组织上散布着形状、大小、数量不一的红色或紫红色的出血斑点。这是多种传染病败血症的一种病变，如急性猪瘟、猪肺疫、链球菌病、钩端螺旋体病等常有此种病理变化，也见于黄曲霉毒素中毒、酒糟中毒等。

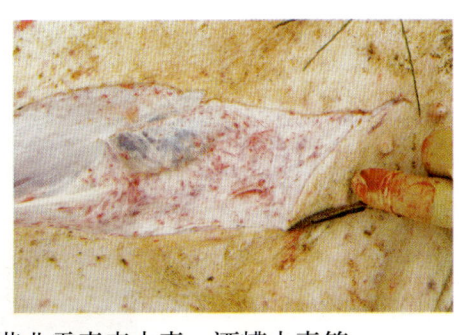

3. 肥膘和脂肪呈黄色或黄褐色

屠宰后或剖检时，发现皮下和体内脂肪出现不同程度的黄染情况，可能是代谢障碍引起的猪黄脂病和多种因素引起的黄疸。前者往往在生前大多没

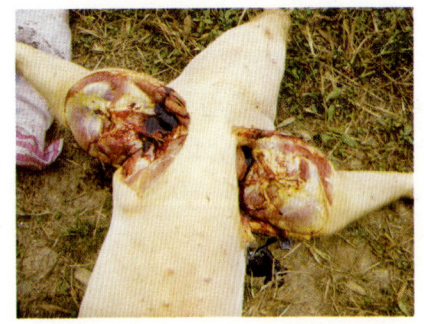

有明显临床症状，黄脂有异味，除脂肪外其他组织无黄色现象；而黄疸者，可能皮肤、各种黏膜、脏器都有黄染现象，并常伴有严重的全身临床症状。可引起黄疸的疾病有猪附红细胞体病、钩端螺旋体病、由猪圆环病毒2型感染引起的仔猪断奶后多系统衰竭综合征、病程长的酒糟中毒等。

4. 肌肉出血

肌肉出血时，剥去皮肤和脂肪或直接切开肌肉，可见肌肉中有形状、大小、数量不一的红色或紫红色斑点或斑块。这是多种传染病败血症时的病变，如急性猪瘟、猪肺疫、链球菌病等，也见于黄曲霉毒素中毒。屠宰应激有时也可导致肌肉出血。

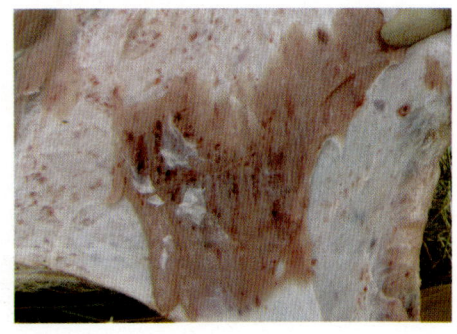

5. 米猪肉（肌肉内有散在的米粒样囊包）

在咬肌、腰肌等骨骼肌或心肌内有乳白色、米粒样的椭圆形或圆形的囊包，含有的囊包数量不等，少则数个，多则似一把米撒在肉上；有的仅在咬肌发现，有的在其他部位骨骼肌中同时存在。这

种猪肉俗称为"米猪肉"。这是猪囊虫病（又称猪囊尾蚴病）的特征性表现。

6. 骨骼呈血红色或深褐色

在肉猪屠宰检疫过程中，发现个别肉猪的部分甚至全身所有骨骼均呈血红色或深褐色，其他无显著病变，也不影响食用价值，屠宰加工中常称其为"乌骨猪"。这是猪血卟啉色素沉着症，是一种猪骨血色病，属隐性遗传性疾病，其发生与血红蛋白代谢障碍有关。血红蛋白代谢障碍可能是遗传的，结果会引起先天性卟啉色素沉着，幼畜出生后，即可出现骨血色病。病猪骨膜易剥离，骨质也呈血红色或深褐色，酥脆、易断。

（五）免疫系统（淋巴结、扁桃体、脾脏）异常及其相应的疾病

1. 淋巴结充血或出血肿大

多数传染病病猪全身或局部某些淋巴结会发生充血、出血性炎症并肿大，肿大的淋巴结充血潮红，出血时可见有紫红色的病症或整个淋巴结为紫红色甚至为紫黑色。这种淋巴结病变可见于猪瘟、猪流感、猪蓝耳病、日本乙型脑炎、链球菌病、猪肺疫、猪丹毒、副猪嗜血杆菌病、猪传染性胸膜肺炎、仔猪副伤寒、李氏杆菌病、钩端螺旋体病或炭疽等多种疾病，所以鉴别诊断疾病时应详细检查病猪的其他异常表现。

二 各种病（死）猪异常表现及其相应的疾病

2. 腹股沟浅淋巴结肿胀

腹股沟浅淋巴结发生肿胀时，可在猪的后腹下一侧或两侧大腿与腹壁间的腹

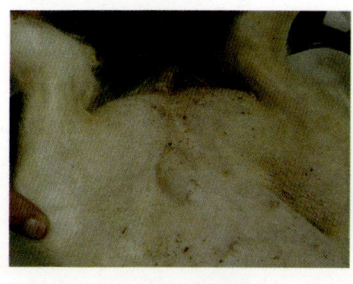
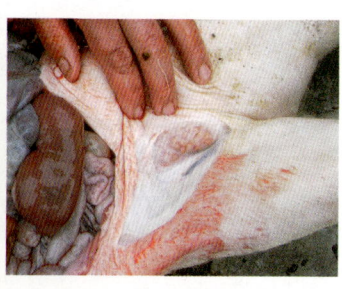

股沟处皮下用手触摸有明显肿大的硬块；将猪仰卧保定，可见该部位皮下有一突起。此现象常见于猪圆环病毒2型感染、猪蓝耳病、猪瘟、副猪嗜血杆菌病等。

3. 肠系膜淋巴结充血或出血肿胀

肿胀的肠系膜淋巴结，表现形式因疾病不同而不同。当排列的各个淋巴结肿胀严重似一条绳索时，俗称"绳索样肿胀"。该病变常见于仔猪副伤寒、猪圆环病毒2型感染、猪传染性胃肠炎、猪轮状病毒感染、大肠杆菌性腹泻、仔猪梭菌性肠炎、猪痢疾、李氏杆菌病、食盐中毒等。当肿胀的淋巴结呈紫黑色时，可能是猪瘟。

4. 淋巴结水肿

淋巴结发生水肿时，肿胀的淋巴结色泽灰白，有水样光色。切开淋巴

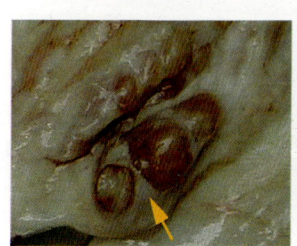
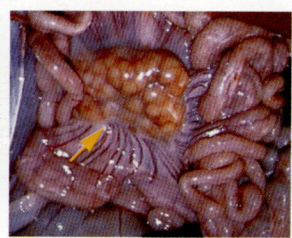

结，可见切面多汁，严重时可有水样流出；有的周边有充血、出血现象，此时淋巴结外表色泽呈红褐色。肠系膜淋巴结水肿严

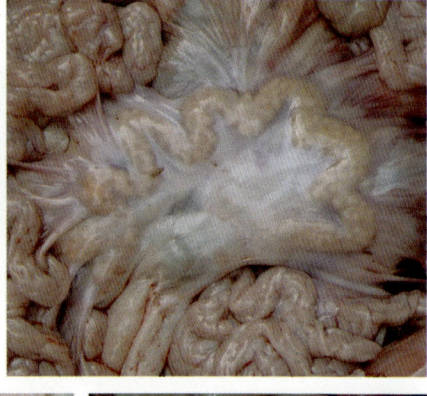

重时，也可呈"绳索样肿胀"。这种变化常见于大肠杆菌引起的猪水肿病、弓形虫病、猪流行性腹泻、猪圆环病毒2型感染和部分猪附红细胞体病病

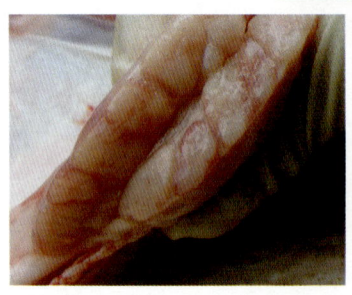
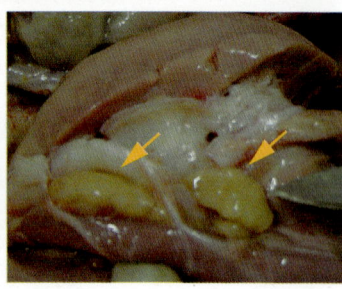

例等。当发生猪流感时，肺门、颈部等处淋巴结水肿明显（如本条目最后一张图示）；患有猪黄脂病的猪，淋巴结也水肿。

5. 淋巴结周边出血

这种出血炎症属于中等程度的出血性淋巴结炎，表现为淋巴结肿大，色泽潮

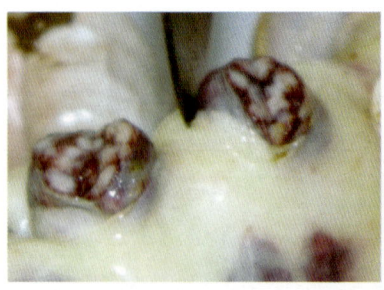
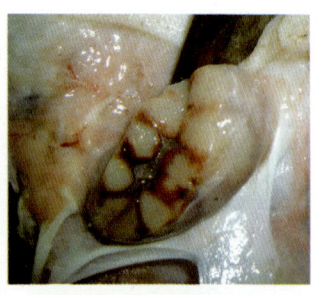

红、暗红或棕褐色，切面隆起、湿润，因淋巴小结被膜下和小梁出血而呈紫红色条斑，使淋巴结切面呈大理石样观（大理石样出血）。这是猪瘟的特征性病变，也见于仔猪副伤寒、猪蓝耳病、链球菌病等。

二 各种病（死）猪异常表现及其相应的疾病

6. 淋巴结严重出血，呈紫黑色

严重出血的淋巴结，可见淋巴结肿大、紫黑色，酷似血肿，像一颗颗"黑枣"，切面隆起、湿润。出现如此严重出血时，往往全身淋巴结都严重出血。这种淋巴结严重出血现象常见于严重猪瘟病例。

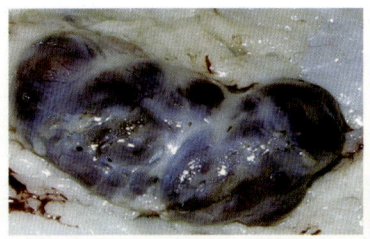

7. 淋巴结坏死

发生坏死的淋巴结，表现为淋巴结肿大，常呈灰白色或灰黄色；切面湿润、隆起，有大小不等的灰黄色坏死灶散在分布或间有出血点。该病变有时见于猪圆环病毒2型感染、巴氏杆菌病和炭疽。当肠系膜淋巴结出现此变化时，也有可能是仔猪副伤寒。

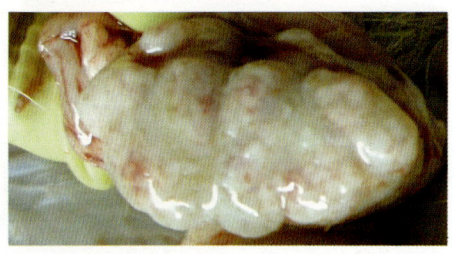

8. 淋巴结髓样肿胀

淋巴结发生髓样肿胀时，外观淋巴结肿胀、潮红或灰白；切开淋巴结后，切面外翻、湿润多汁、隆起，淋巴组织似骨髓样。此种病变多见于猪蓝耳病、猪圆环病毒2型感染、猪丹毒。当肠系膜淋巴结出现此变化时，也有可能是仔猪副伤寒。

9. 淋巴结化脓

淋巴结化脓时，外观淋巴结肿大、呈灰黄色，切面上有大小、形态不一的化脓灶，有时形成脓肿。此病变常见于淋巴结脓肿型链球菌病。

10. 扁桃体上有灰白色坏死灶

扁桃体发生坏死时，表现为扁桃体上有数量不等、大小不一、灰白色或灰黄色、呈点状、圆形或块状的凝固性坏死病灶，严重时坏死灶溃烂。这种病变主要见于猪瘟，伪狂犬病、仔猪副伤寒也可有此种现象。

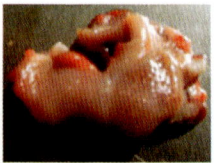

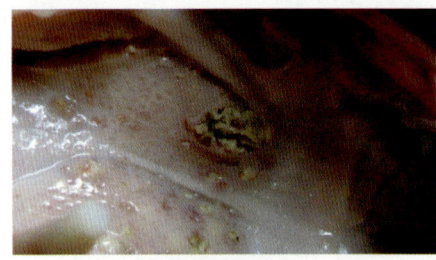
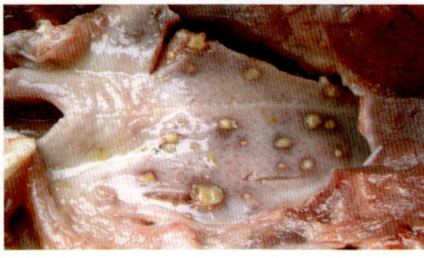

11. 脾脏出血性梗死（有大小不等的紫黑色病灶）

此病变多出现在脾脏的边缘或尖端，少数在脾的表面，呈大小不等、数量不一、稍稍凸起于表面的黑色病灶，

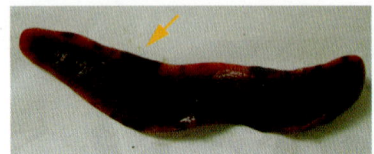

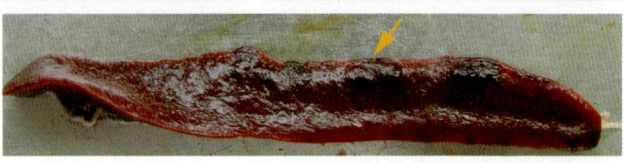

有时黑块连成串。这是猪瘟特有的病变，也可见于急性败血型链球菌病、霉饲料中毒，偶见于急性钩端螺旋体病。

12. 脾脏肿大

脾脏肿大，是脾脏充血的结果。如肿大的脾呈樱桃红色，则是急性猪丹毒的特征性病变；如呈色暗带蓝色、质地硬如橡皮，则是仔猪副伤寒的特征性病变；

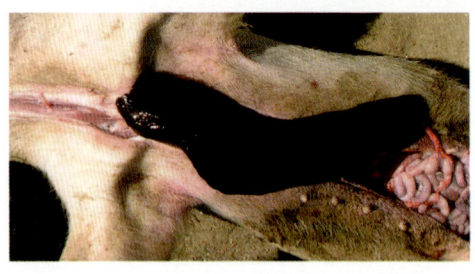

脾肿大也见于猪流感、急性链球菌病、急性钩端螺旋体病、猪附红细胞体病、猪传染性胸膜肺炎、李氏杆菌病及霉变饲料中毒等。

13. 脾脏上出现灰白色坏死点

出现坏死的脾脏，其上面有弥散性的、呈灰白色、混浊的坏死点，这是伪狂犬病病猪的典型病变之一，也见于猪附红细胞体病，患日本乙型脑炎母猪所产的病仔猪也可有此病变。

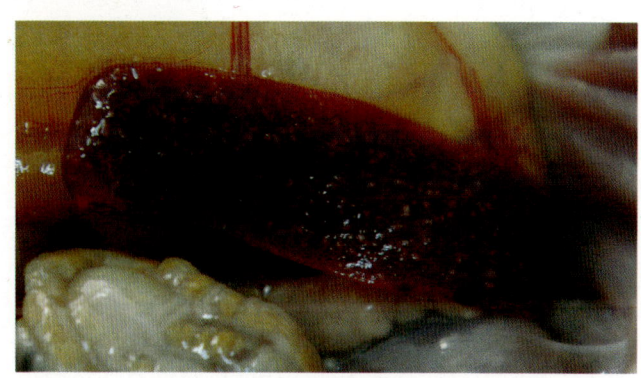

（六）呼吸系统异常及其相应的疾病

1. 咳嗽

咳嗽通常是呼吸道疾病的表现，见于多种呼吸道感染性疾病，如猪气喘病、猪流感、猪传染性胸膜肺炎、副猪嗜血杆菌病、巴氏杆菌病，也见于链球菌引起的肺炎、仔猪伪狂犬病、猪蓝耳病和衣原体病等。猪感染的蛔虫或棘球蚴虫体在肺移行时，也会引起剧烈咳嗽。由传染病引起的常是持续性咳嗽。当呼吸道吸入尘埃等异物时也会发生剧烈的咳嗽，直至排出异物。

2. 打喷嚏

有些疾病发生后，病猪会出现打喷嚏的症状，这往往是鼻腔发生病变或有异物的结果。发生猪传染性萎缩性鼻炎的病猪早期出现的特征性症状就是打喷嚏，患有猪流感、有些猪蓝耳病和伪狂犬病的病例也常有此表现。吸入尘埃、氨气等异物后亦可引起此症状。

3. 气喘

猪表现为张口急促呼吸，呼吸次数明显增加，腹部随呼吸动作而有节奏地扇动，呈明显的腹式呼吸，表明呼吸极其困难。这是猪气喘病重症的表现。类似于猪气喘病的呼吸困难症状，也可见于猪流感、猪蓝耳病、急性链球菌病、猪传染性胸膜肺炎、猪肺疫、弓形体病、副猪嗜血杆菌病、重症急性猪丹毒、中暑等。猪感染的蛔虫或棘球蚴虫体在肺部移动时或严重的猪囊虫病，也会气喘。

4. 犬坐式张口呼吸

这是呼吸极度困难的表现，病猪两前肢叉开，呈犬坐姿势张口呼吸。这种症状常见于急性链球菌病、病情严重的急性猪肺疫、猪传染性胸膜肺炎和猪气喘病等呼吸道传染病，也见于弓形体病。

5. 鼻腔流出不同性状甚至是血样的分泌物

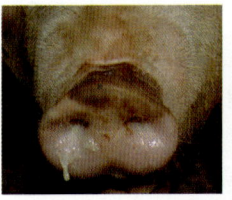
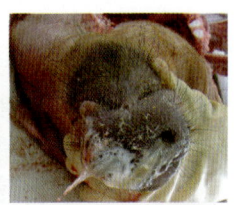

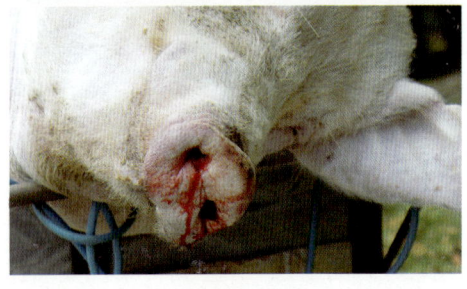

健康生猪一般无鼻液或仅有少量水样透明的浆液性鼻液。呼吸道染病时，一般鼻腔流出较多的分泌物，但其性状因疾病或病程不同而不同。如猪肺疫，最急性病猪流出白色泡沫状液体，急性病猪流出的分泌物呈浆液性或脓性，慢性病猪流出少量黏稠似凝乳状的黏性脓性分泌物；超急性猪传染性胸膜肺炎病猪流出的分泌物呈血性泡沫状；最急性链球菌病病猪流出的是红色泡沫液体；发生猪流感时，病猪初期鼻液为浆液性，后期多为黏液性，分泌物呈灰白色、牵丝状。

二 各种病（死）猪异常表现及其相应的疾病

6. 流鼻血

这是猪传染性萎缩性鼻炎发病猪的特征性症状之一；部分病猪由于强力连续打喷嚏，鼻黏膜浅表血管受到损伤而引起出血并流出鼻腔，流出的血液新鲜，是全血。急性炭疽濒死猪，流出凝固不良、呈暗红色血液。

7. 鼻甲骨萎缩

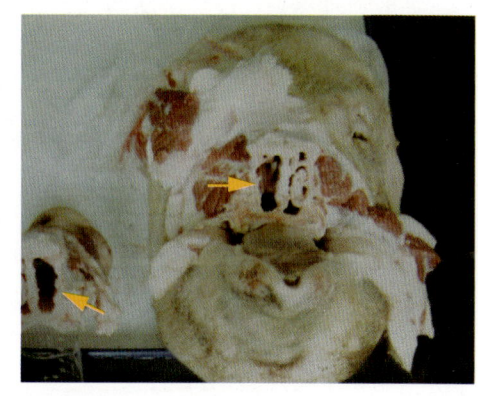

这是发生猪传染性萎缩性鼻炎的病理特征。沿两侧第一、二对前臼齿间的连线，将猪头部上额锯成横断面，可见正常的鼻甲骨明显地分为上下两个卷曲，鼻中隔正直。当鼻甲骨萎缩时，卷曲变小甚至消失，鼻腔变成一个空洞（如图），鼻中隔发生部分或完全弯曲，严重时鼻中隔两侧鼻甲骨都萎缩消失成两个空洞。

8. 喉、气管、支气管黏膜充血呈红色，有黏液

有些呼吸道感染性疾病常出现喉、气管、支气管黏膜炎症，表现为充血呈红色，并有数量和颜色不同的黏液。这种症状可见于猪流行性感冒；急性链球菌病、猪肺疫、猪传染性胸膜肺炎的病猪，其喉、气管、支气管内充满泡沫状、血红色黏液。

9. 喉头或会厌软骨上有出血斑点

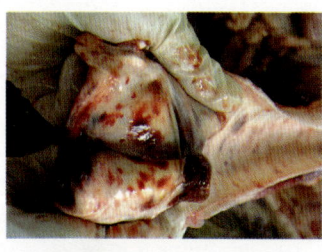
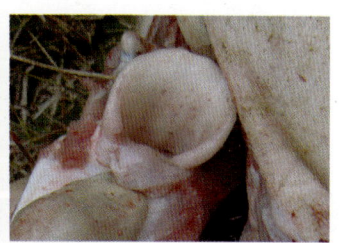

病猪喉头或会厌软骨发生出血时，软骨上有红色或紫红色出血斑或出血点，这些斑点用刀不能刮去。这是猪瘟的一个典型病变，也见于败血性链球菌病。

10. 气管上有出血斑点

剪开气管，可见气管壁黏膜上有形状和大小不一、呈红色或紫红色的斑点，用刀不能刮去。这种病变常见于多种传染病的败血症，如败血性猪瘟、急性链球菌病、猪肺疫、李氏杆菌病等。

11. 胸腔积液

参见本书第70页相关内容。

12. 胸腔积液与纤维素渗出

参见本书第70页相关内容。

13. 胸腔中有纤维素渗出，并可粘连

参见本书第71页相关内容。

14. 胸肺粘连处为局灶性化脓灶

参见本书第71页相关内容。

15. 胸腹腔中有纤维素渗出，并可粘连

参见本书第71页相关内容。

16. 胸腹膜及内脏表面有一层灰白色黏附物

参见本书第72页相关内容。

17. 大叶性肺炎

又称纤维素肺炎，是以肺泡内渗出纤维素为特征的一种急性肺炎，常为一个大叶、一侧肺或全肺发生炎症，发生大面积实变。大叶性肺炎是多种传染病都有的病变之一，在发病不同时期，肺部炎症表现不一。一般过程是：炎症初期，肺部为充血水肿期，表现为肺充血、水肿，呈暗红色；切

二 各种病（死）猪异常表现及其相应的疾病

开肺并挤压，会流出大量血样泡沫状液体；切取一小块病变肺投入水中，呈半沉浮状态。此

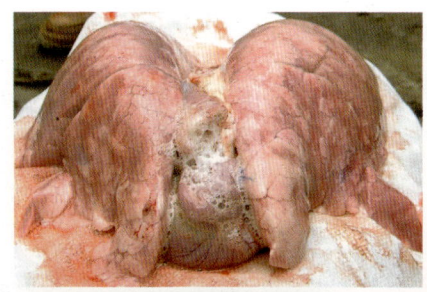
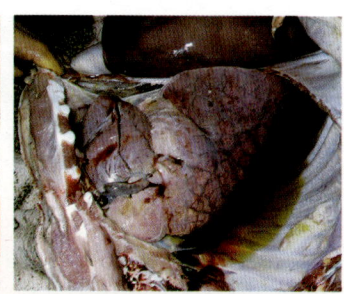
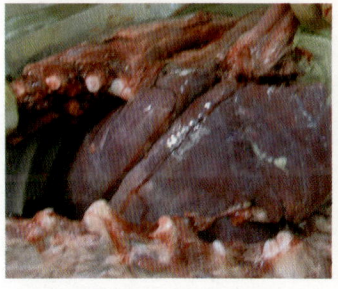
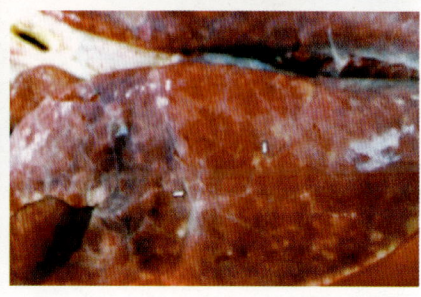

期过后，为红色肝变期，此时病肺肿胀更明显，并且质地变实如肝，硬度和色泽与肝相似，切取小块放入水中则完全下沉。再发展下去是灰色肝变期，病变肺由暗红色变为灰白色或灰黄色，质地仍如肝，小块病变组织在水中呈下沉状态。如能康复，则病肺进入消散期，此时肺变小、变软、色泽变淡，逐渐恢复正常。大叶性肺炎是猪肺疫的一种典型病变，也见于败血型链球菌病、严重的猪流感、猪传染性胸膜肺炎等传染病。

18. 肺充血、水肿

这是一种常见的肺炎，病肺表现为肿胀、潮红，切开肺并挤压会有大量液体流出。此病变常见于链球菌病、猪丹毒、李氏杆菌病、中暑、酒糟中毒等。有些猪蛔虫病病猪，其肺出现明显的水肿变化。

19. 肺间质水肿、纹路增宽

这种肺炎表现为肺肿大，间质条纹增宽并呈胶冻样半透明，有的肺呈暗红色，或伴有大叶性肺炎，胸腔内含有多量的黄色液体。此病变常见于猪流感、猪肺疫、猪圆环病毒2型感染，也是弓形体病的一种特征性病变

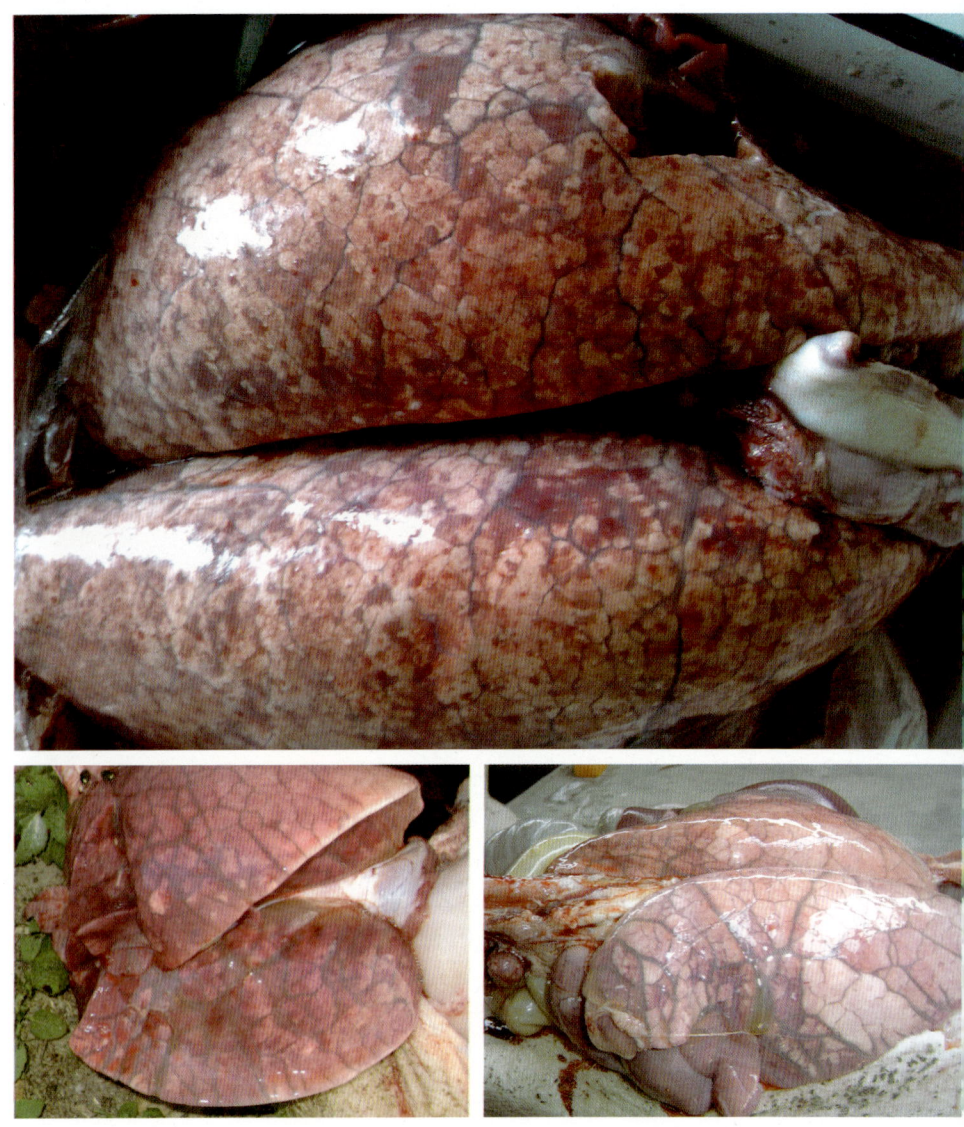

(上图病肺不仅因感染弓形虫而出现水肿,而且也可能因并发感染而导致大量斑点状出血)。霉菌毒素也可导致仔猪肺间质水肿。

二 各种病（死）猪异常表现及其相应的疾病

20. 肺部鱼肉样变性

这是间质性肺炎的一种表现，在肺尖叶、心叶或其他部位的肺组织发生实变，失去原有的色泽和状态，呈鱼肉样或虾肉样观，也像胰腺组织，所以也称胰变、虾肉样变。质地变硬，弹性降低甚至消失，用刀割取一小块病变组织，将其放入水中，呈下沉状态。这是猪气喘病的特征病变。

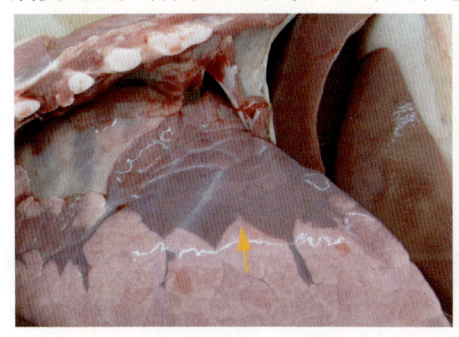
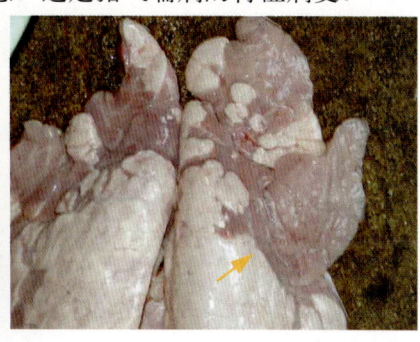

21. 肺塌陷，常呈灰褐色、斑驳状

这是间质性肺炎的一种表现，是指肺泡壁和支气管周围、血管周围及

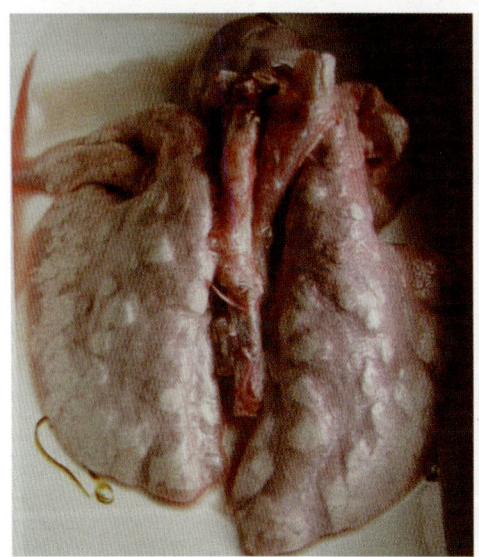

肺小叶间的间质发生炎症。刚打开胸腔时,肺外观似乎正常;不久肺呈弥漫性或局灶性下陷,失去弹性,质地较硬实,色泽多样,多为褐色,肺呈斑驳状;严重时整个肺体积缩小、变硬。此病变多见于早期或原发性猪蓝耳病,也见于猪圆环病毒2型感染等传染病。

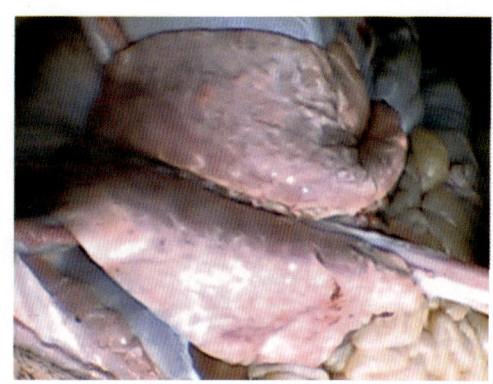

22. 肺上有出血斑点

这是指肺组织中一些毛细血管的通透性发生改变,导致血液渗透到肺组织中,在肺脏表面出现有红色到紫红色的小点或斑块的出血灶。由于病情程度不一,出血灶数量、大小、范围也不一,严重时整个肺都弥漫着出血斑点。肺出血可见于多种传染病的败血症,如猪瘟、伪狂犬病、链球菌病、猪肺疫和猪传染性胸膜肺炎及一些猪蛔虫病等。

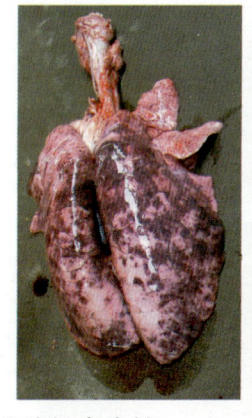

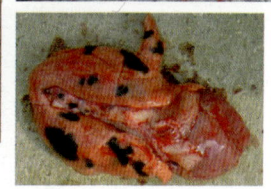

(七)消化系统异常及其相应的疾病

1. 腹泻

腹泻表现为大便次数显著增加,粪便稀薄。具有腹泻症状的猪病很多,不同的病,泻便性状也不同。发生仔猪黄痢和白痢的粪便分别呈黄色和白色,发生仔猪副伤寒的粪便呈黄绿色,因未过好断奶关引起仔猪腹泻的粪

二 各种病（死）猪异常表现及其相应的疾病

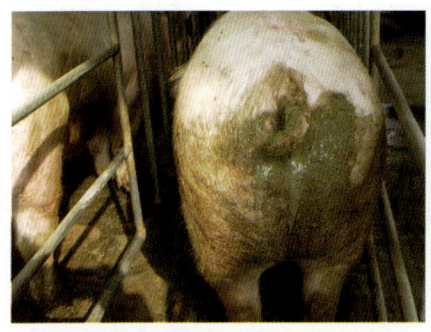

便呈水泥样，消化不良所致的腹泻粪便中含有不消化的饲料；猪瘟后期也出现水样腹泻，粪便呈黄褐色；猪传染性胃肠炎和猪流行性腹泻呈剧烈的或喷射状水样腹泻；猪轮状病毒感染呈严重水泻；猪圆环病毒2型感染后期拉黄色稀粪；患球虫病仔猪泻便呈水样或脂样、黄白色有时为棕红色；猪发生肠型炭疽、猪增生性肠病或猪毛首线虫病时，出现顽固性腹泻，粪便带血；患猪蓝耳病、伪狂犬病、猪附红细胞体病、钩端螺旋体病、猪细颈囊尾蚴病、衣原体病、饲料突变、采食霉变饲料、酒糟中毒等情况时均会出现腹泻；发生蛔虫等寄生虫病时，也会导致腹泻。

2. 仔猪泻黄色或白色粪便

这是仔猪腹泻病的一种。如果初生仔猪腹泻的粪便呈黄色、不成形，则发生了仔猪黄痢；1周龄以上仔猪腹泻的大便呈黄白色或白色，则发生了仔猪白痢。发生此腹泻的，也见于球虫病。

3. 血便（血痢）

便血多伴有腹泻，病猪排出红色或灰红色的粪便，严重的从肛门中流出红褐色水样物。当初生仔猪出现这种症状时，可能是仔猪红痢（梭菌性肠炎）；如为断奶以后的架子猪出现这种症状，则可能是由蛇形螺旋体引起的猪痢疾；发生出血性猪增生性肠病时，血便呈黑色柏油状稀粪；发生猪毛首线虫病的部分病例及严重感染旋毛虫的病猪也可出现血便。

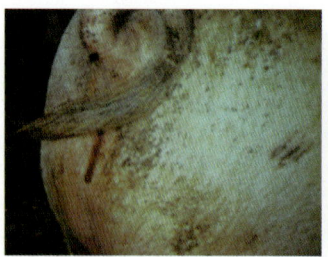
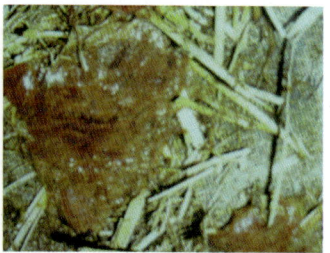

（选自潘耀谦等主编的《猪病诊治彩色图谱》，中国农业出版社，2004年）

4. 便秘

便秘患猪大便次数显著减少，并伴随粪便变硬等变化，严重时粪便呈球状，表面有黏液，有的带有血液。此症状常见于猪瘟早期、日本乙型脑炎、急性猪丹毒、慢性猪附红细胞体病、李氏杆菌病和其他高热性疾病，也可见于黄曲霉毒素中毒和酒糟中毒。

5. 便秘和拉稀交替发生

有些疾病发生后，如猪瘟、猪附红细胞体病、猪丹毒、亚急性或慢性仔猪副伤寒、猪痢疾等疾病，病猪可出现先便秘后拉稀的现象，甚至是便秘和拉稀反复交替发生。

6. 腹腔积液（腹水）

参见第72页相关内容。

7. 腹腔壁或内脏表面有条絮状或蛋片状黏附物

参见第73页相关内容。

8. 腹腔浆膜上有一层灰白色黏附物

参见第73页相关内容。

9. 肝脏色泽发黄

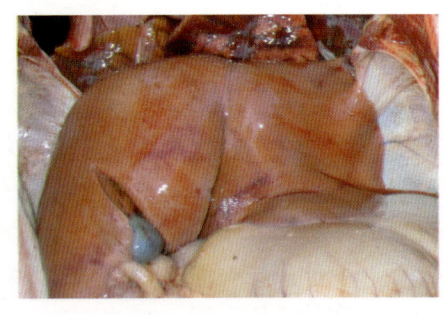

这是常见的一种肝病变，是肝细胞发生变性、变质、坏死的结果，也是黄疸的一种表现。肝脏呈现黄色的深浅因黄疸严重程度不同而不同，严重时呈土黄色或棕色，皮肤和脂肪也发黄。引起黄疸的疾病常见的有钩端螺旋体病、猪圆环病毒2型引起的仔猪断奶后多系统衰竭综合征、慢性猪附红细胞体病、黄曲霉毒素中毒、酒糟中毒（病程长者）等，有黄脂病的猪也有此现象。

10. 肝上有灰白色坏死斑点

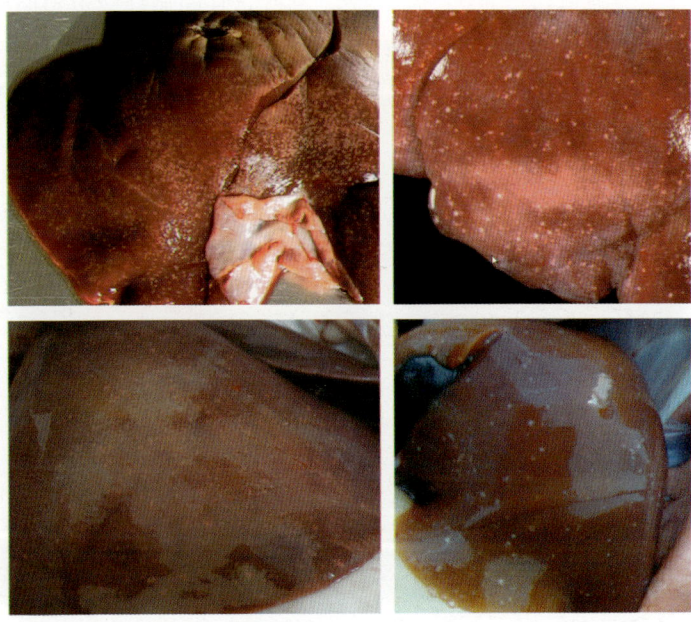

这是坏死性肝炎的表现，可见在肝脏表面有大小不等、形态不一的灰白色点状坏死灶，严重时灰白色坏死点布满整个肝脏。此为伪狂犬病发病猪肝脏的典型病变。发生仔猪副伤寒、李氏杆菌病、弓形体病时，也可出现坏死性肝炎。

11. 肝上有白斑

即肝表面有分布较均匀、大小基本一致、直径约1厘米左右的白斑，呈云雾状。这是猪蛔虫幼虫移行至肝脏时，引起肝组织出血、变性和坏死而形成的病灶（用刀切割时，手感质地变硬），属于寄生虫性肝炎（图片中的肝，除有白斑病变外，肝小叶间质也发生增生，纹路增宽）。

12. 网状肝

这是肝脏常见的一种病变，是肝小叶间质结缔组织增生的结果，致使

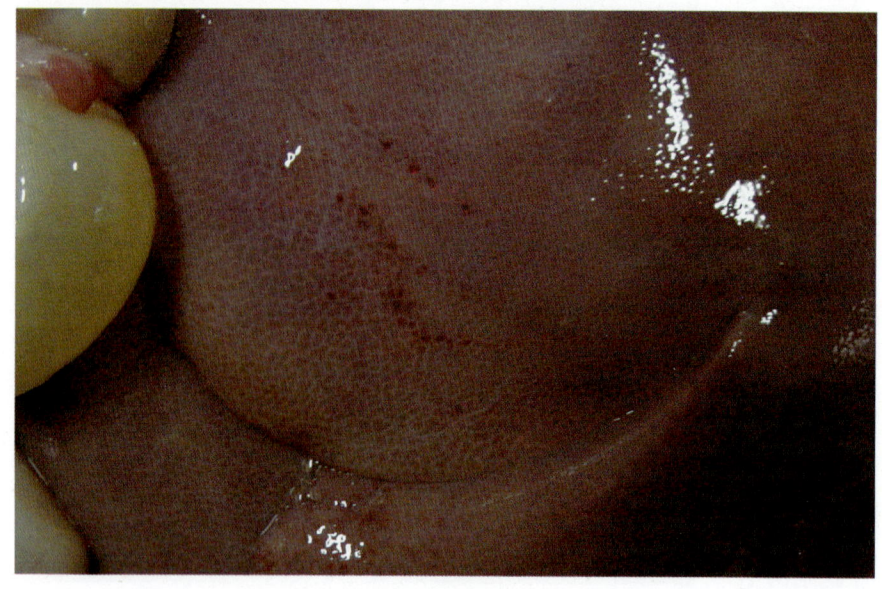

肝小叶间纹路增宽，似一个网罩在整个肝上，严重的肝小叶坏死、颜色变白；用刀切割时，手感质地变硬。这种病变常由于生猪经常饲用药物引起，也因经常饲喂含有少量毒素的饲料所致。

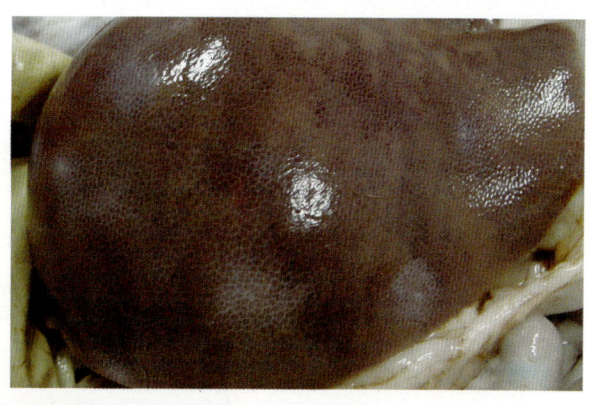

13. 肝或（和）肠系膜等表面附着大小不一、数量不等的囊泡

这是寄生在肝表面的细颈囊尾蚴（泡状带绦虫中绦期的蚴虫）。囊泡呈球体状附着在肝表面，囊壁薄而透明，小的似豌豆，大的如鸡蛋或更大，俗称"水铃铛"，泡内有无色透明的液体和乳白色的头节。当大量细颈囊尾蚴寄生时，压迫肝组织，可使肝发生局限性萎缩和硬化。这是猪细颈囊尾蚴病的特征。

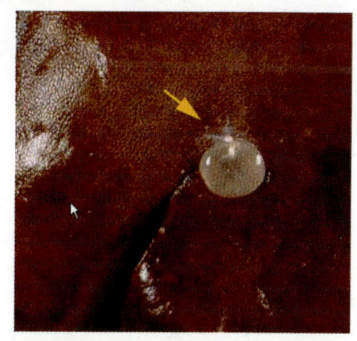

14. 肝脏中嵌有数量不等、大小不一的包囊

这是寄生在肝脏中的棘球蚴（细粒棘球绦虫中绦期蚴虫）。病变轻的，仅于肝表面有少数几个黄豆至鸡蛋大小、灰白色、圆形或不整圆形的囊肿，呈半球状隆突于肝表面，囊内充满淡黄色透明液体，多数包囊的囊壁与周围肝组织结合牢固；病变严重的，肝显著肿大，肝表面密布大小不等、相互重叠的灰白色囊肿，切开肝脏后切面呈蜂窝状，有大小不一的囊包，切开的囊包会流出多量淡黄色液体。这是猪棘球蚴病的特征性病变。

15. 胃和（或）肠道浆膜面出血

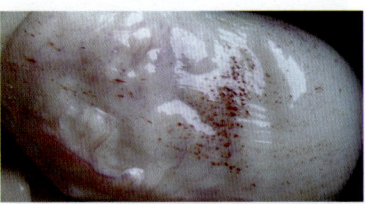
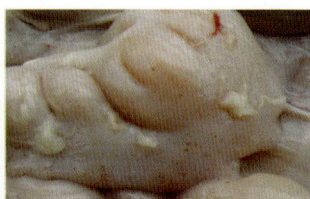

当胃和（或）肠道浆膜面出血时，打开腹腔后，可见到胃和（或）肠道表面有数量不等、大小不一、鲜红色或紫红色的出血斑点。此病变常见于急性猪瘟、超急性猪肺疫、败血性链球菌病，也可见于黄曲霉毒素中毒等病例。

16. 胃壁水肿

水肿在胃大弯更显著。沿胃大弯切开胃壁，可见胃的肌肉层与浆膜层之间呈胶冻样，可流出清亮、无色或黄白色液体。有时水肿病灶较少，须多切几处方可见到。这种病变见于大肠杆菌引起的猪水肿病。

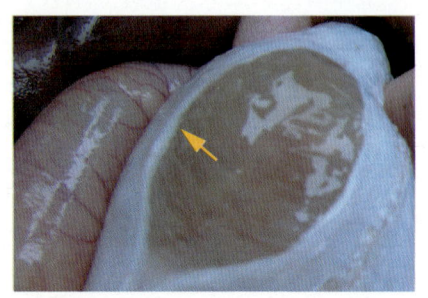

17. 胃底黏膜充血、出血

这是急性胃炎的表现。剪开胃壁，胃底部黏膜呈现暗红色，有的有出血灶，黏膜表面附有黏液。此病变常见于猪传染性胃肠炎，也见于猪流感、猪瘟、急性仔猪副伤寒、急性猪丹毒、大肠杆菌病、猪蓝耳病等病例，还可见于食盐中毒、酒糟中毒、霉变饲料毒素中毒、某些药物过量或中毒病例。

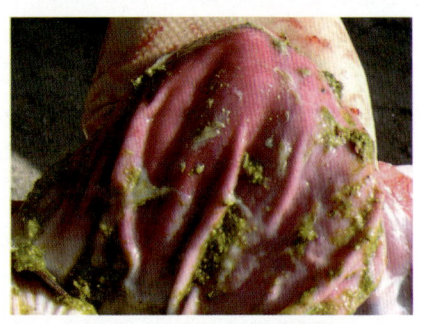

二、各种病（死）猪异常表现及其相应的疾病

18. 胃溃疡

此病变即为胃黏膜发生溃烂脱落。溃疡灶大小不等、深浅不一、数量不定，有的病变部位常黏附着胃内容物，呈黄色、黄褐色或黄绿色，去除附着物后，露出糜烂面，并可见有充血和出血现象，病灶与周边界限分明。溃疡严重时，形成穿孔。此病变主要见于猪瘟、猪圆环病毒2型感染等病例，也可见于霉变饲料、铜中毒等普通内科病，偶见于口蹄疫病猪，部分猪传染性胃肠炎病例也可有此病变。

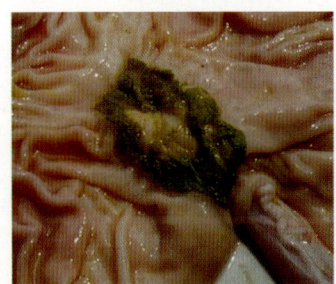
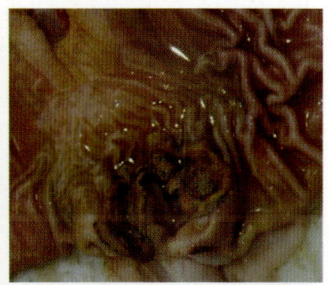
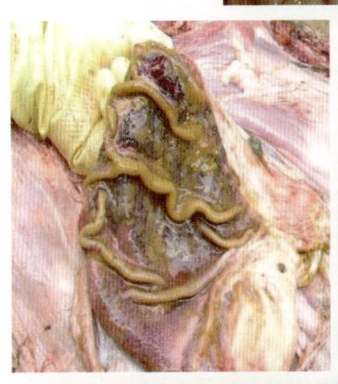
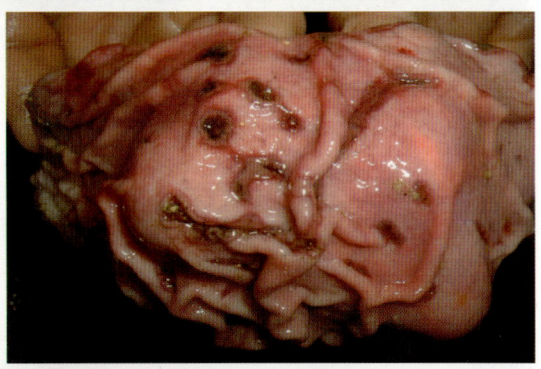
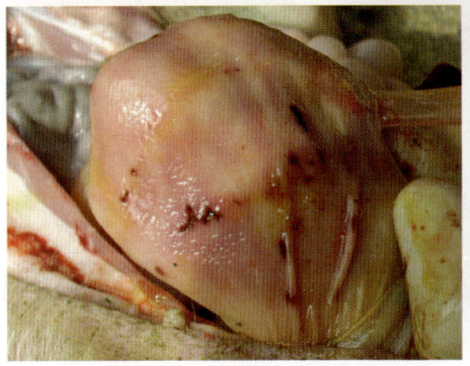

19. 胃内有结实的毛球

这是一种少见的现象。曾有一头肉猪被屠宰后，在其胃内发现一个比拳头稍小一些的、结实的椭圆形毛球。这是由大量猪毛有规律地扭结而成的，并吸附、缠裹着一定量的棕黄色胃液和消化物，故切开后毛球内呈棕黄色。胃内有毛球形成，可能是该猪有经常舔食猪毛这种异食癖的结果。不易消化的猪毛在胃内不断累积起来，并在胃的蠕动作用下扭

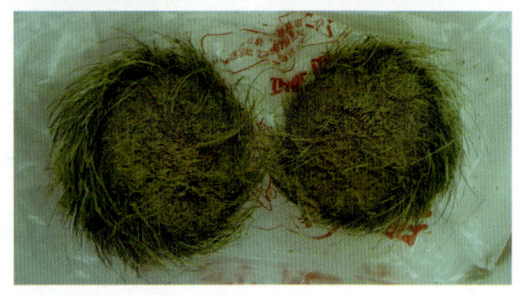

结在一起，形成了结实的椭圆形毛球（三图为同一个毛球）。

20. 胃内容物有酒糟味或醋味

这是一种特殊的变化。胃内容物有酒糟味或醋味时，常是因长时间或过多饲喂酒糟引起。发生酒糟中毒时，不仅有这种异常气味，而且胃肠道黏膜有充血、出血变化。

21. 肠系膜水肿

肠系膜发生水肿时，肠系膜呈淡黄色胶冻样、水汪汪的。剖开这些肠系膜，可见有水样流出。此病变多见于大肠杆菌引起的猪水肿病、弓形体病、猪圆环病毒2型感染后期，也见于副猪嗜血杆菌病、猪增生性肠病、猪毛首线虫病等。

22. 肠黏膜增生（肠壁变厚）或伴有出血

当发生猪增生性肠病时，常见回肠、盲肠或结肠前1/3段的黏膜发生增生，肠管变粗，肠壁变厚。剪开肠壁，可见肠黏膜表面形成不规则的颗粒或皱褶，隆起的皱褶充血变硬。在增生的基础上，可发生坏死、出血等变化。发生坏死性肠炎时，肠黏膜上可见有灰黄色的干酪样物质。发生出血性肠炎时，肠腔中可含有血凝块，可见黑色柏油状粪便。

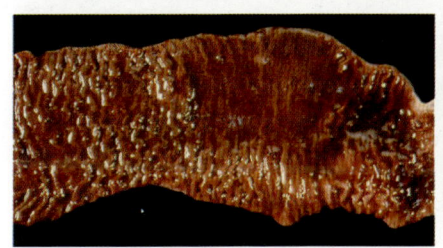
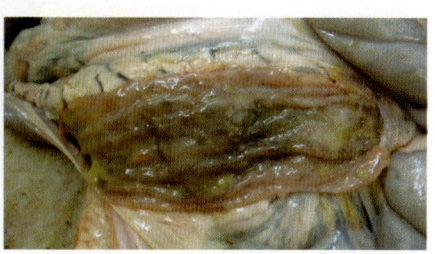

23. 肠黏膜充血、出血，呈红色或紫红色

发生肠道性疾病的病猪，肠黏膜往往发生充血、弥漫性出血等炎症病变。因病变程度不一，黏膜色泽呈现出红色到紫色不等的变化，有的表面黏液增多。这种病变常见于仔猪大肠杆菌病、猪轮状病毒感染、仔猪副伤寒、猪丹毒、仔猪红痢、猪毛首线虫病、猪蛔虫病初期、旋毛虫病、食盐中毒、霉饲料中毒、酒糟中毒和有些断奶仔猪腹泻病等病例，所以鉴别诊断疾病时应详细检查病猪的其他异常表现。

24. 仔猪小肠臌气

肠道发生臌气时，肠内充满气体，并含有淡黄色稀薄内容物，肠腔臌起扩张，肠壁菲薄且呈半透明状。这种病变常见于猪流行性腹泻、猪传染性胃肠炎、猪轮状病毒感染、大肠杆菌病引起的仔猪黄痢、仔猪副伤寒初期等。在病猪死亡时间较长或已腐败的情况下，因肠道内细菌发酵产气，也会使肠道臌气，但其色泽往往深暗且气味腐败难闻。

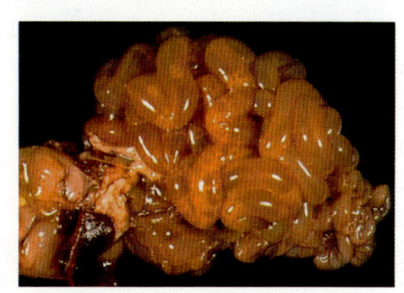

25. 仔猪小肠肠管出血发紫

剖开腹腔后，可清楚地见到某一段小肠（多数在空肠段）呈深红至黑紫色，病变与正常肠段两端界线明显；剪开病变肠管，可见肠腔内充有红黄色或暗红色内容物，其内混杂多量气泡，肠黏膜潮红、出血，甚至有灰黄色麸皮样坏死。这是仔猪梭菌性肠炎（仔猪红痢）的特征性病变。

26. 小肠内有蛔虫

猪得蛔虫病时，蛔虫成虫寄生在小肠道内，虫体长15～40厘米，呈中间稍粗、两端较细的圆柱形。蛔虫数量多时，常聚集成团，堵塞肠道。有时虫体还可游走到胆管内甚至胆囊中。

 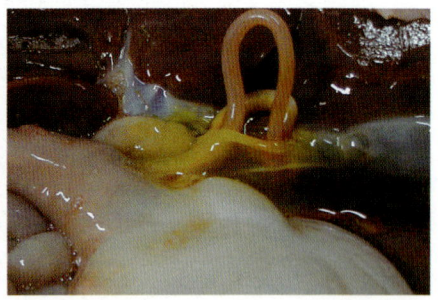

27. 小肠黏膜坏死、增厚

患有球虫病的仔猪，一般肠炎较轻，但严重的病例其空肠、回肠黏膜可发生坏死，表现为黏膜增厚，肠黏膜上有黄色纤维素坏死性假膜。

28. 大肠内有毛首线虫

剖开结肠或盲肠，肠黏膜充血、出血、肿胀，间有绿豆大小的坏死病灶；肠内容物恶臭；肠黏膜呈暗红色，黏膜上有乳白色细针样虫体寄生，虫体一端钻入黏膜内，一端外露，数量多时不计其数；虫体一端粗短，另一端细长，犹如鞭子。这是猪毛首线虫病（也称猪鞭虫病）的病变特征。

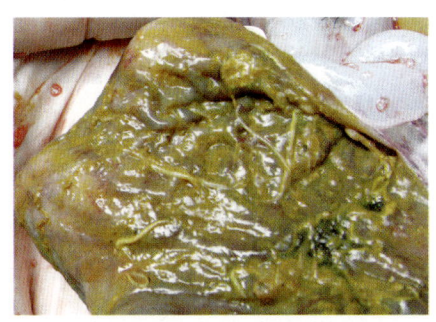

29. 大肠黏膜糠麸样溃疡

剖开结肠或盲肠，可见肠内壁呈连片状的灰黄或黄绿色、粗糙糠麸样的坏死痂膜，有时病灶所在的肠外壁也可见充血肿胀现象，严重时肠外壁发生坏死。这是沙门氏菌引起的慢性仔猪副伤寒的典型病变。

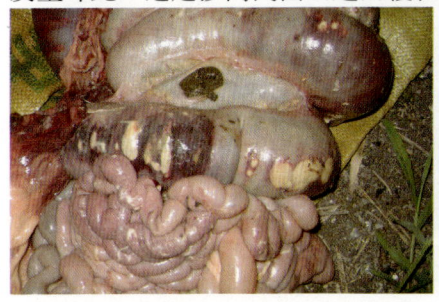 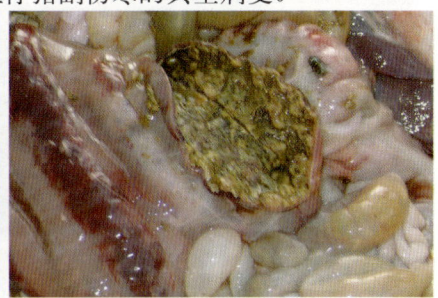

30. 大肠纽扣状溃疡

剖开盲肠或结肠，可见肠内壁黏膜上有大小不一、数量不等的圆形的坏死和溃疡灶，形状如纽扣，称纽扣状溃疡。这是肠壁上一些淋巴滤泡坏死形成的。此病变是病程较长的猪瘟病的一个典型病变。

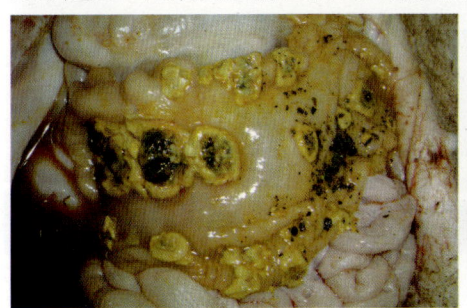 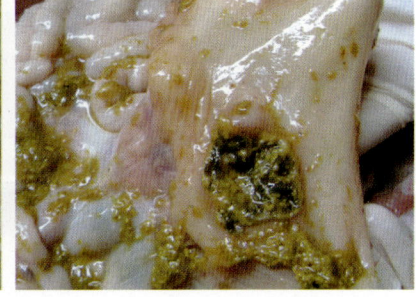

31. 大肠壁上淋巴滤泡肿胀与坏死

这种病变可发生于直肠或结肠上。从大肠浆膜面外表看，可见有数量不等的散在小点。剪开肠道，可见肠黏膜上有数量不等、大小不一的圆形点状凸起，有的可能已经坏死。这是肠壁上淋巴滤泡发生炎症和感染的结果。淋巴滤泡发生坏死时，病变性状与猪瘟引起的大肠纽扣状溃疡有点相似，都呈圆形，但本病变坏死灶较小，有的呈点状，而且坏死灶周围隆起的一圈也没有大肠纽扣状溃疡显著。此病变常见于断奶仔猪腹泻病和其他一些腹泻病。

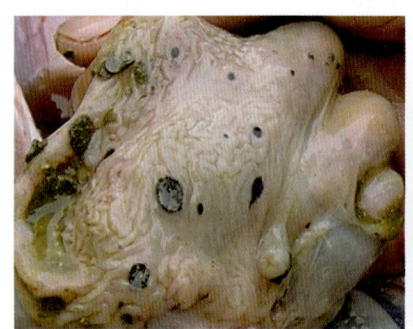

32. 大肠黏膜出血或干酪样坏死

剖开肠腔，见到肠黏膜肿胀、充血、出血，肠腔内充满红色、暗红色或浓茶色的黏液和血液；病程稍长的病例，出现坏死性肠炎，黏膜上有点状、片状或弥漫性坏死，坏死表面黏附着豆腐渣样的伪膜，剥去伪膜后露出浅表糜烂面。这种病变常是猪痢疾的特征性表现。

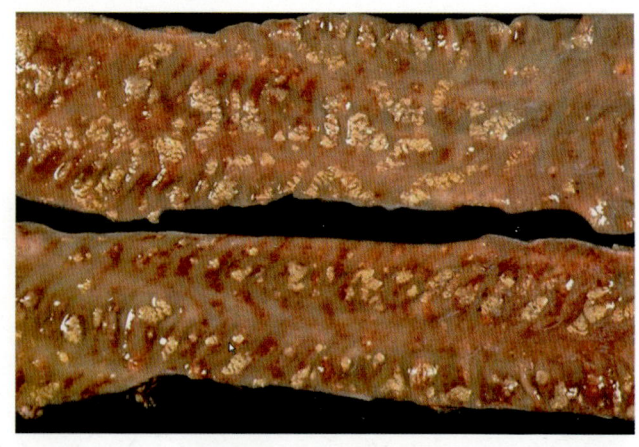

二 各种病（死）猪异常表现及其相应的疾病

（八）心血管系统异常及其相应的疾病

1. 心包积液

心包积液常是感染性心包炎初期的一种表现。即心包内渗出液增加，造成液体异常增多，心包扩大，积液呈淡黄色、清亮透明。引起心包积液的原因有多种，常见于副猪嗜血杆菌病、猪传染性胸膜肺炎、猪附红细胞体病，也见于猪肺疫、猪丹毒、沙门氏菌病、链球菌病和衣原体病等传染病。

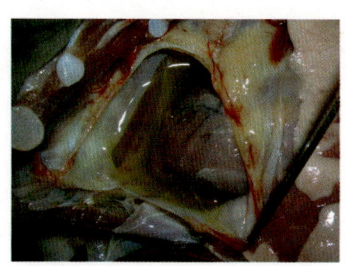

2. 心包纤维素渗出（绒毛心）

这是心包炎中后期的表现。心包炎有多种，常见的是浆液性—纤维素性心包炎。发病初期为心包积液，液体呈淡黄色、清亮透明。随病程发展，积液混浊，变为灰黄色，内含有絮（块）状物的纤维素，心包膜也因水肿而增厚，黏膜表面粗糙，黏附一层纤维素。病程稍长，积液内纤维素不断沉积在心脏上，形成绒毛状结构，称为绒毛心。随着病程延长，可造成心包膜与心脏（心外膜）发生粘连，严重时整个心包充满了豆腐渣样（干

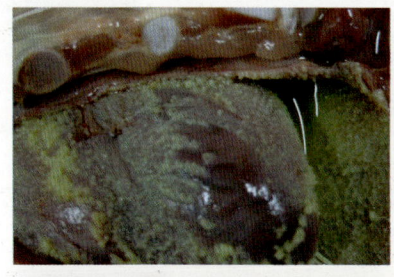
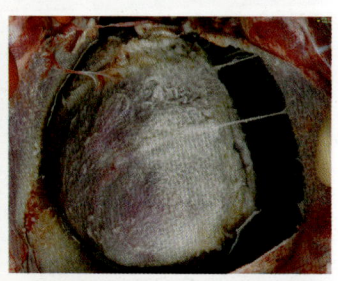

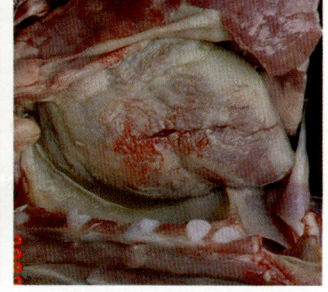

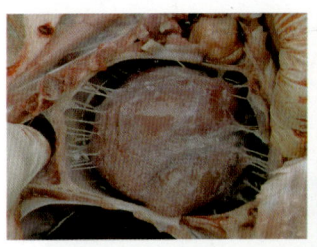 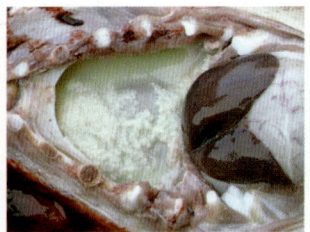 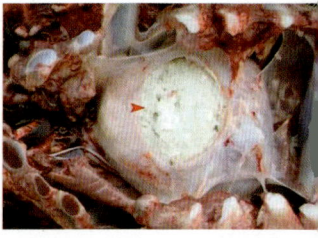

酪样）渗出物。这是副猪嗜血杆菌病的特征性病变，也见于猪传染性胸膜肺炎、衣原体病、猪肺疫、猪丹毒、沙门氏菌等传染病。链球菌等细菌感染可引起纤维素性—化脓性心包炎，在心包内积有脓液。

3. 心脏上有出血斑点

心脏出血可发生在不同部位或整个心脏，表现为心房、心室或全部的心外膜上有形状和大小不一、红色或紫红色的斑点。此现象常见于急性猪瘟、猪肺疫、仔猪副伤寒、猪蓝耳病、猪丹毒、猪附红细胞体病、仔猪红痢、李氏杆菌病、旋毛虫病、霉饲料中毒、酒糟中毒等病例。

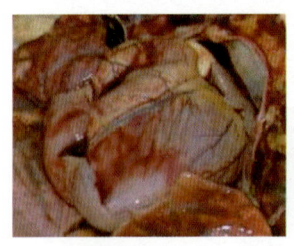 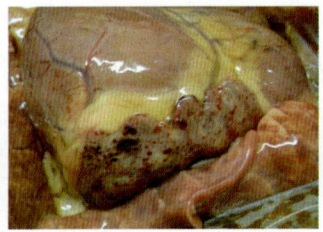 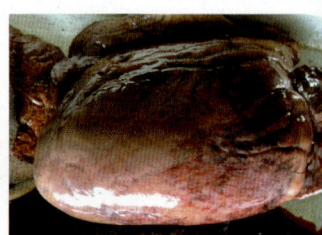

4. 心肌上有灰白色或淡黄色、条纹状或斑点状坏死灶（色调似虎皮）

口蹄疫病猪发生突然死亡，常是由心脏严重病变引起。心脏病变有特征性表现，即心肌上有局灶性坏死，坏死部分呈条纹状或斑点状、灰白色或淡黄色，其色调似虎皮，故称"虎斑心"。这种色调在心膈、心室壁的肌肉平切面上可以看得很清楚。

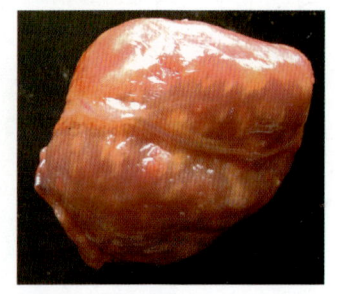

5. 心内膜上有花菜样疣状物

患有慢性猪丹毒的病猪，心脏内可有特征性的病变，即纵向剖开心室，在心内膜二尖瓣等部位可见有花菜样的疣状物。

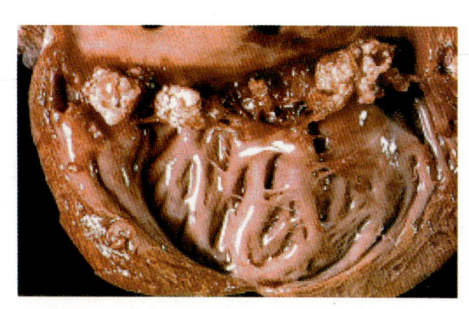

（九）生殖系统异常及其相应的疾病

1. 母猪不发情或不孕

母猪不发情或能发情但经多次配种后仍然不能怀孕，原因较复杂。公母猪生殖机能先天性障碍或器质性病变、公猪精液质量低劣、环境恶劣如高温等均可引起母猪不孕。值得注意的是，长期饲喂含玉米赤霉烯酮的霉变饲料也能产生这种现象。发生过伪狂犬病的母猪，其中20%以上可能不能怀孕。发生过猪蓝耳病的部分母猪也会得不孕症。与公猪隔离饲养的后备母猪会推迟发情。

2. 母猪假怀孕

饲喂霉变饲料造成玉米赤霉烯酮中毒的母猪可出现假怀孕现象；怀孕早期发生猪细小病毒病、伪狂犬病、布鲁氏菌病或其他原因，导致妊娠中断，死胚或死胎及胎水可被吸收或排出物不易被发现，母猪腹围缩小并可恢复到正常，也看似假怀孕。

3. 母猪流产

 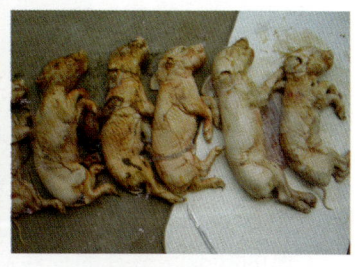

流产可发生于不同的妊娠时期，妊娠早中期流产的胎儿常表现为死胎或木乃伊胎；后期尤其是接近预产期时，除了死胎或木乃伊胎外，可能还有活的胎儿。导

致流产的疾病很多，常见的有日本乙型脑炎、猪细小病毒病、伪狂犬病、猪蓝耳病、弓形体病、衣原体病、布鲁氏菌病、钩端螺旋体病。有时猪瘟、猪附红细胞体病、李氏杆菌病、猪圆环病毒 2 型感染、霉饲料玉米赤霉烯酮中毒、病程长的酒糟中毒以及多种应激性因素也可导致流产。

4. 母猪难产

母猪发生难产是一个较多见的问题，常见原因是子宫收缩无力、骨盆挫伤、产道狭窄、两个胎儿同时产出、胎儿倒生或胎儿过大等。难产母猪常表现厌食、阴部分泌物带血、排粪但不努责或努责但不见胎儿、努责后产出一头或几头仔猪后分娩中止。助产应检查产道，可根据不同原因采取使用催产素、校正胎位、清除堵塞物、使用产科钳拉出胎儿等方法。各种助产方法无效时，应考虑剖宫（腹）产。

5. 产死仔、木乃伊胎或弱仔

除流产外，有的母猪早产或正常生产时，也会出现因某些疾病导致产出死仔、木乃伊胎或弱仔的情况。引起这种后果的疾病常是日本乙型脑炎、猪细小病毒病、伪狂犬病、猪圆环病毒 2 型感染、猪蓝耳病、衣原体病、弓形体病、布鲁氏菌病、猪附红细胞体病、霉饲料中毒、猪瘟和钩端螺旋体病等。

6. 流产胎儿的多种组织器官出血

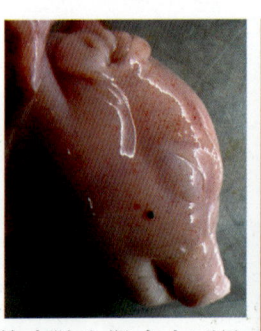
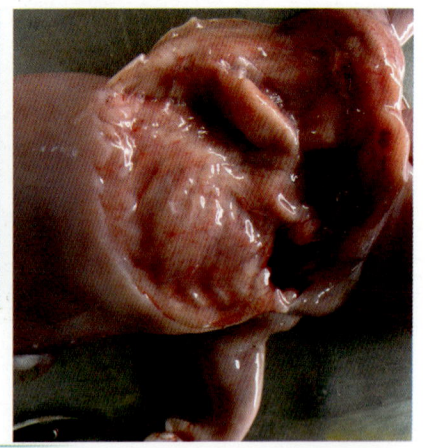

因得伪狂犬病而流产的胎儿，多种组织器官出现出血的病变。全身的皮肤和肌肉上可见到大量弥散性的紫红色点状出血灶，

二 各种病（死）猪异常表现及其相应的疾病

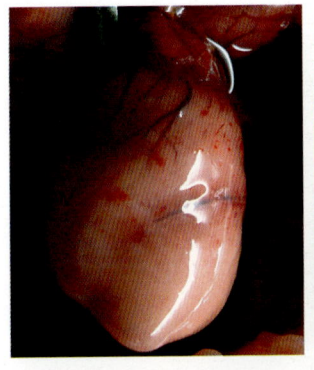
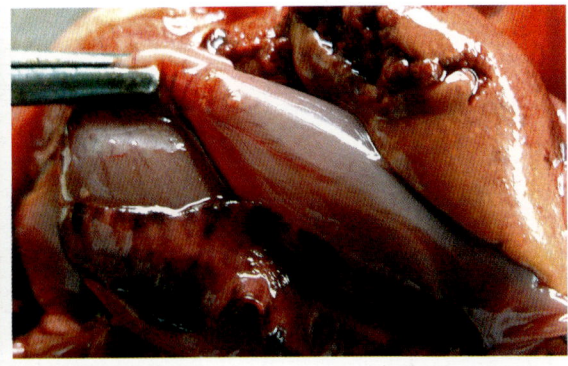

脑、心脏、脾脏等组织上均有大小不等的紫红色出血灶（右图中除脾脏上有出血灶外，肝脏上还有大量的白色坏死点）。

7. 流产胎儿的大脑液化或出血

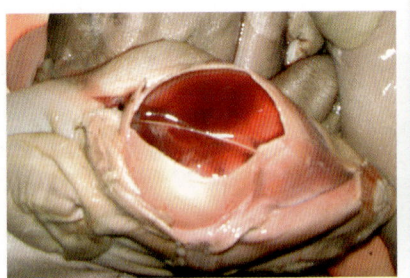
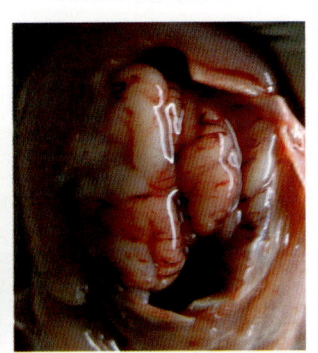

流产胎儿大脑液化是严重水肿的结果（见左图）。因母猪发生日本乙型脑炎造成的流产胎儿常有此病变，表现为整个头部膨大，脑组织发生软化，脑结构模糊不清，脑内积液。胎儿脑出血（见右图）则是伪狂犬病流产胎儿的病变，在脑组织上可见数量不一、大小不等的红色斑点。

8. 流产胎儿的肝上有灰白色坏死点

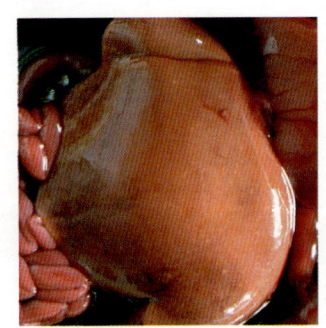

这是胎儿发生坏死性肝炎的表现，可见在肝脏表面有大小不等、形态不一的灰白色点状坏死灶，严重时灰白色坏死点布满整个肝脏。此病变是伪狂犬病的典型表现，患日本乙型脑炎母猪所产的病仔猪也可有这种肝脏病变。

（十）泌尿系统异常及其相应的疾病

1. 红尿（血尿、血红蛋白尿）

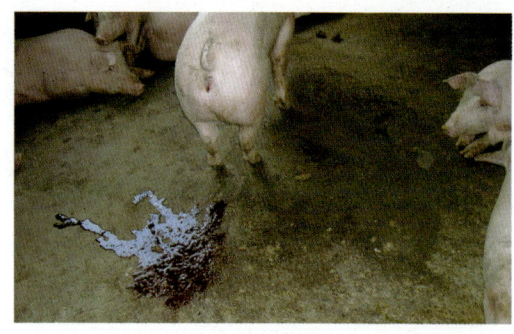

当排出的尿液中有血液时称血尿，尿液颜色变红、浑浊，常见于酒糟中毒。当排出的尿液中有血红蛋白时称血红蛋白尿，尿色呈褐红色、浓茶色或酱油色，发生猪附红细胞体病、钩端螺旋体病及酒糟中毒等病时，部分病猪可出现此症状。也见于链球菌、大肠杆菌等感染引起的肾盂肾炎病例。

2. 肾脏上有点状、针尖状出血

剥去肾包膜，可见肾脏上有细小的点状甚至是针尖大小的红色出血点，数量不一，多的密密麻麻，少的屈指可数，须仔细观察检查才能发现。肾的色泽变化较大，常见的为肾贫血状出血，可见肾脏色泽变淡、变

浅，有的较苍白，有的呈土黄色，呈土黄色时整体看似一个麻雀蛋，俗称"雀蛋肾"；有的传染病中肾贫血点状出血时，肾组织非常脆嫩。肾贫血点状出血主要见于猪瘟、伪狂犬病以及猪蓝耳病。"雀蛋肾"是猪瘟病的特征，切开病猪肾脏，切面上也可有出血点。初生仔猪发生伪狂犬病时，多表现为肾组织脆嫩、色泽较苍白；2011年猪流行性腹泻发生流行时，一些病死乳猪的肾脏也有此病变。发生猪附红细胞体病、仔猪红痢的病猪肾也有出血点。

3. 肾脏上有斑点状出血

剥去肾包膜，可见肾表面（皮质层）有散在的暗红色或紫红色、形状不一、大小不等的出血斑点，肾脏色泽有深有浅。这种病变常见于猪圆环病毒2型感染、链球菌病、仔猪副伤寒、猪肺疫、猪蓝耳病、衣原体病等病例。

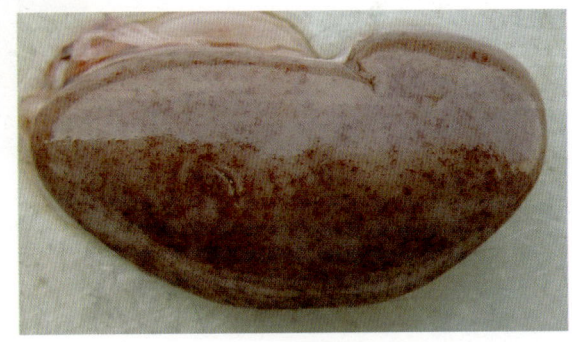

4. 肾脏上有白斑

这是一种特征性的病变。剥去肾包膜，可见肾脏色泽较浅，肾表面有散在的，形状、大小、数量不一的白色斑点病灶。发生猪圆环病毒2型感染的病例，常有此病变。

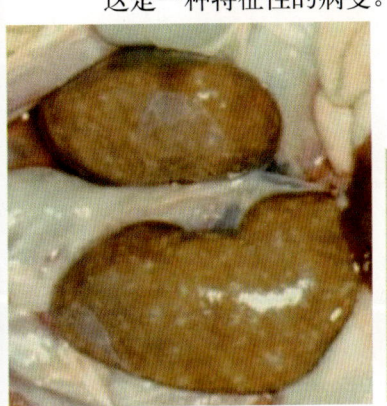

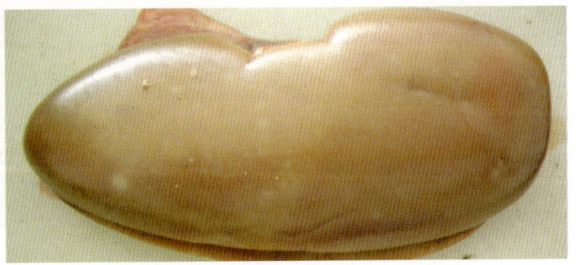

5. 肾脏淤血肿胀

肾发生淤血（充血）肿胀时，肾脏呈现深紫色、肿大，肾包膜紧张，切开肾脏后切面外翻。这种病变多见于急性链球菌病、猪丹毒、急性钩端螺旋体病、酒糟中毒等。离死亡时间长的猪，也会出现此现象。

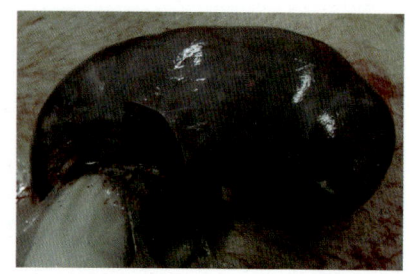

6. 肾脏淤血肿胀，并有灰白色坏死斑点

肾脏表现为肿大、切面外翻，呈暗红色或紫红色，在这种色泽背景下可见到数量不一的灰白色、无光泽的坏死斑点。在2012年发生的一些猪丹毒病例上曾见到过这种肾脏病变。

7. 肾脏中有黄褐色结晶物

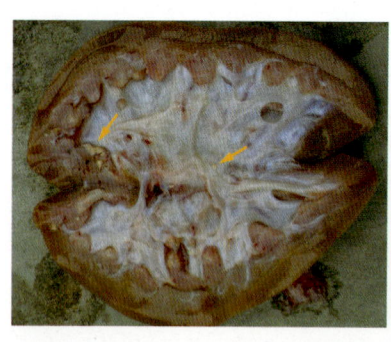 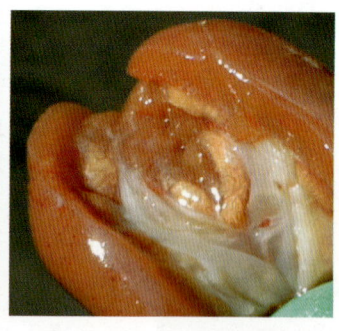

沿肾边缘背侧纵向剖开肾脏，可见肾内有数量不等、呈颗粒状或块状的黄褐色结晶体，呈游离状或黏附在肾组织上。这常是给猪使用不溶于水的磺胺类药物过多、连续使用时间过长或使用该类药时未配合应用碳酸氢钠所引起。严重病例，大量结晶物沉积并会阻碍排尿，引起尿潴留和形成肾盂积水。还有一个原因是新生仔猪因疾病等原因未获得母乳或者患有厌食、

二 各种病（死）猪异常表现及其相应的疾病

腹泻等引起脱水的消耗性疾病（如猪流行性腹泻等），为满足能量需要，加速分解组织蛋白和嘌呤，同时因脱水肾功能降低，血中尿酸和尿酸盐浓度升高，并且因肾小球滤液中过量的溶质被重吸收的少，最后这些尿酸和尿酸盐沉积在肾脏髓质和肾盂中。

8. 肾盂积水

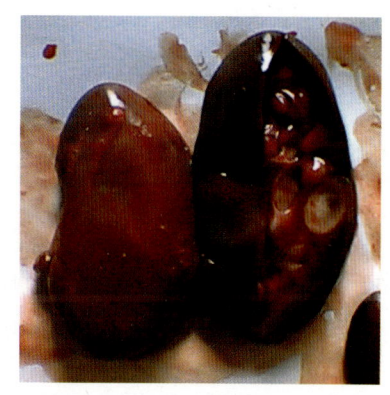

这是一种少见的、偶尔发现的病症。因积水，肾内会形成大小不等、数量不一、充满液体的囊，严重的整个肾脏变成一个囊。剖开肾脏，可见到液体流出，有囊状结构，肾组织因积水压迫而萎缩，有的肾皮质变薄，严重时肾脏外观就可见到积水的囊肿。单侧肾积水不易被发现，因为另一个正常肾可有效代偿，不影响健康。如果两侧肾盂积水，生猪往往死于尿毒症。引起肾盂积水是因为肾盂至尿道后段有阻碍物，尿液不能排出，阻碍物可能是积石、渗出物、输尿管扭转、外部压迫（肿瘤、脓肿等）。

9. 膀胱出血

剪开膀胱，翻看黏膜，可见上面有数个或大量大小形状不一的、红色或紫红色的出血斑点，严重时出血点连成片。这种病变是猪瘟的特征性表现，也见于仔猪副伤寒、猪附红细胞体病、衣原体病。

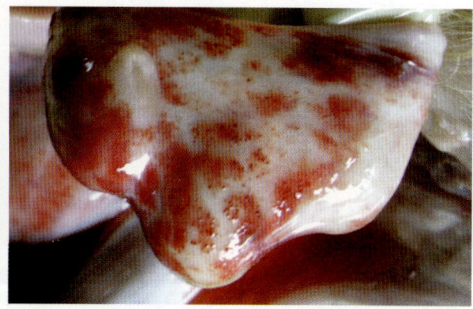

（十一）胸腹腔异常及其相应的疾病

各种生猪疾病所具有的异常表现确实很复杂，许多疾病在胸腹腔中出现的病变可涉及多个器官甚至是多个系统，病变虽与某个系统有关，但难以归类到该系统，所以将这类异常表现又单独归纳为"胸腹腔异常"一类进行表述，以便查阅。

1. 胸腔积液

打开胸腔，内有淡黄色或带有血红色、半透明、呈水样的液体，渗出的液体数量不一，多时充满整个胸腔，这是胸膜发炎早期的病理变化，这种变化常伴有肺部发炎。此病变常见于猪传染性胸膜肺炎、副猪嗜血杆菌病、猪附红细胞体病、链球菌病、弓形体病、衣原体病、猪毛首线虫病等病例，也常见于混合感染病例。

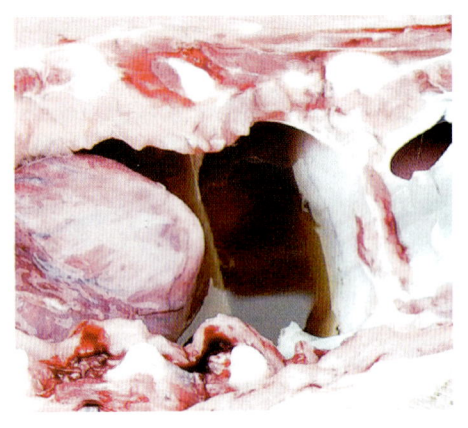

2. 胸腔积液与纤维素渗出

打开胸腔，内有淡黄色或带有血红色、半透明、呈水样的液体，有的含有絮（块）状物，有的这些絮状物黏附在胸壁和内脏上，造成胸膜与肺粘连。这是胸膜发生炎症、纤维素渗出的结果，并常伴有肺发炎。这种病变多见于副猪嗜血杆菌病、链球菌病、猪传染性胸膜肺炎、巴氏杆菌病、弓形体病、猪流感和衣原体病等病例，也常见于混合或继发感染病例。

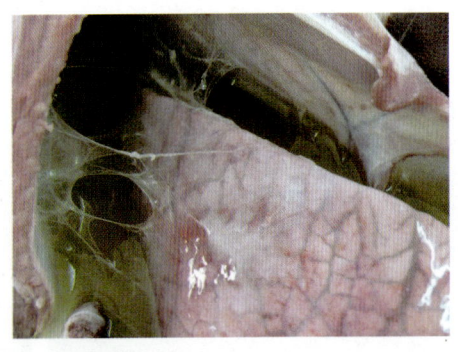

二 各种病（死）猪异常表现及其相应的疾病

3. 胸腔中有纤维素渗出，并可粘连

这可能是胸膜和肺都发生炎症的结果。打开胸腔，有数量不一、呈灰黄色或灰白色、绒毛状或絮状、块状的纤维素黏附在胸

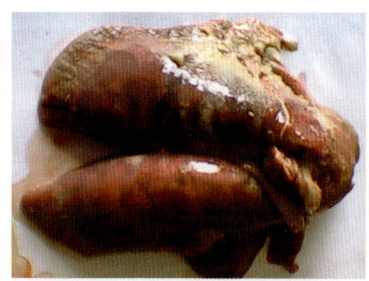
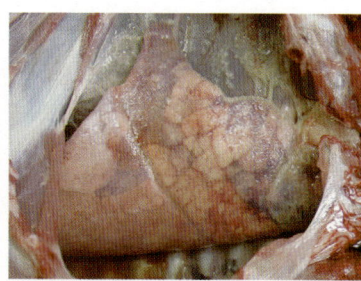
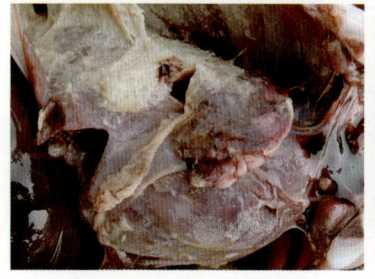
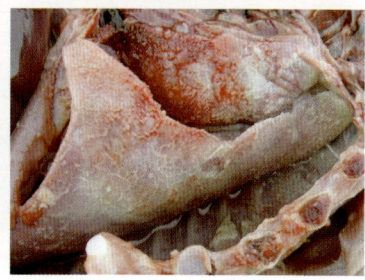

壁和肺脏上，或悬浮在胸腔中，有时胸腔中还有积液。因病程不同，病变的程度也不一样，严重时肺与胸壁全部粘连，渗出的纤维素呈结缔组织化，并可发生严重的肺炎。这种病变常见于副猪嗜血杆菌病、猪传染性胸膜肺炎、急性链球菌病、巴氏杆菌病、衣原体病和严重的猪流感等病例，也常见于混合或继发感染病例。

4. 胸肺间粘连处为局灶性化脓灶

这是一种比较特殊的病变。在一些慢性猪传染性胸膜肺炎的病例中，胸肺间可出现局灶性粘连，粘连处范围有大有小，粘连可局限为一处，也可有多处。剪开这些粘连处，可见到由外周结缔组织包裹的化脓灶，内可有大量脓汁或干酪样物质。

5. 胸腹腔中有纤维素渗出，并可粘连

胸腹腔内有数量不一、呈灰黄色或灰白色蛋皮样或块状、絮状、条索状的伪膜，覆盖或附在胸腹壁和内脏的表面，有时胸腹腔中还有积液或造

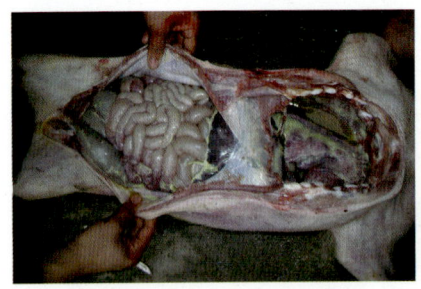
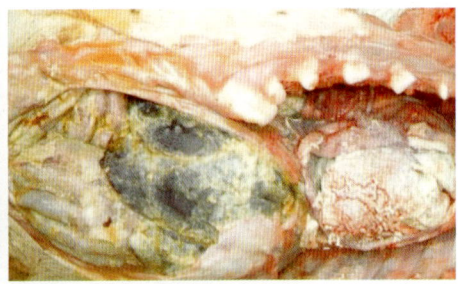

成胸腹腔粘连。这是胸腹膜炎的一种表现，此为副猪嗜血杆菌病的一种病变特征，也常见于一些细菌性混合或继发感染病例。

6. 胸腹膜及内脏表面有一层灰白色黏附物

病猪整个胸腹腔浆膜及各种脏器表面都覆盖着一层灰白色的纤维素渗出物（常伴有胸腹腔积液），这是整个胸腹腔浆膜发生炎症、纤维素渗出的结果。此为胸腹膜炎的一种表现，是副猪嗜血杆菌病的特征性病变。

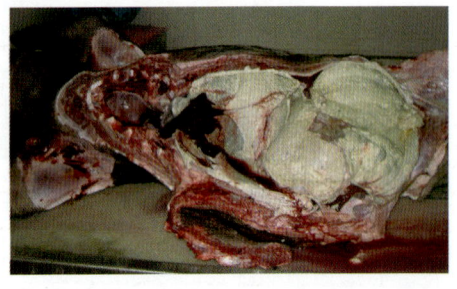

7. 腹腔积液（腹水）

即腹腔中渗出液大量增加，积液透明、呈淡黄色。这种变化常见于患弓形体病、猪附红细胞体病、猪毛首线虫病和黄曲霉毒素中毒的病猪。这也是许多感染性腹膜炎早期的变化。炎症初期，引起炎性渗出，导致腹腔黄色样液体积聚，患

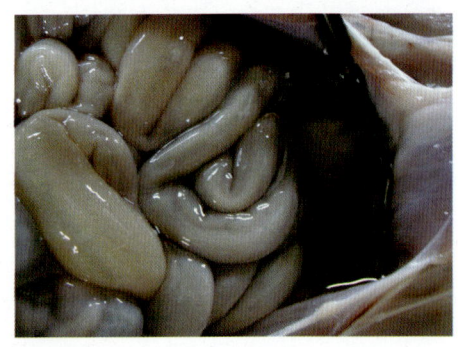

有急性链球菌病、副猪嗜血杆菌病的病猪早期常有此病变。随着病程发展，纤维素渗出，积液减少，变得浑浊，这常见于多种疫病如猪蓝耳病后期继发感染或阉割等造成大肠杆菌、沙门氏菌等细菌性感染。

8. 腹腔壁或内脏表面有条絮状或蛋片状黏附物

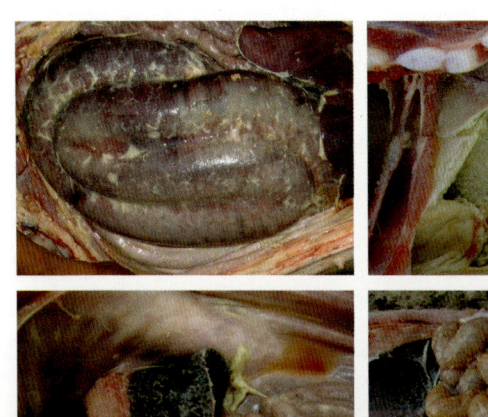

这是腹膜炎发生的中后期表现，腹腔积液中纤维素渗出，出现条、块状或蛋片状的絮状物，黏附在肠道等器官表面和腹壁上，并可造成肠道等器官或与腹壁粘连。有的积液浑浊，含有脓性分泌物；有的积液渐渐消失，仅剩粘连的纤维素；有的肠道也发生炎症。这种病变常见于多种疫病如猪蓝耳病后期继发感染或阉割等造成大肠杆菌、沙门氏菌等细菌性感染的病例，急性链球菌病、副猪嗜血杆菌病病猪也可出现此变化。

9. 腹腔浆膜上有一层灰白色黏附物

这是腹膜炎的一种表现。腹膜炎引起纤维素渗出后，纤维素像一层灰白色黏附物覆盖在整个腹壁和内脏表面。这是副猪嗜血杆菌病的一个特征性病变。

（十二）发病（流行）特点及其相应的疾病

不同的生猪疫病与群发病，发生时的情形各不相同，或者说各有各的发病特点，如有的病只发生于仔猪，有的病传播速度非常快。所以，认识和掌握生猪疾病发生时的一些情形或特点，对于诊断疾病有很大帮助。

1. 发病气候

总的来说，大多数生猪疫病和群发病一年四季均可发生，也有部分猪病只发生或容易发生在一定的季节里。

（1）冬、春寒冷时节。此时易发猪流行性腹泻、猪传染性胃肠炎、口蹄疫、猪流行性感冒等。

（2）寒潮突来时节。气候突变、冷空气袭来时，生猪易发生猪流感、猪传染性胃肠炎、猪流行性腹泻、猪轮状病毒感染、仔猪黄白痢等。

（3）夏、秋高温时节。此时生猪易发日本乙型脑炎、猪蓝耳病。

（4）潮湿闷热时节。如梅雨季节，易发猪丹毒、链球菌病、葡萄球菌病等细菌性传染病，以及霉变饲料中毒等。

2. 传播速度

（1）传播迅速。一个没有进行相应免疫过的猪群，其中一头发病后，疫病可在一至数天内传播到全群甚至是全场的生猪，引起疫病暴发流行。常见于口蹄疫、猪水疱病、猪流感、猪流行性腹泻、传染性胃肠炎等。若一个猪群中大批猪同时发病，则多为急性中毒。

（2）传播速度中等。病猪陆续发生，传播过程数天至数周，甚至1月以上，多数疫病属于此类。常见有猪瘟、猪蓝耳病、伪狂犬病、乙型脑炎、猪圆环病毒2型感染、大肠杆菌病、链球菌病、猪传染性胸膜肺炎、猪肺疫、猪丹毒、仔猪副伤寒、猪痢疾、仔猪红痢、猪附红细胞体病、弓形体病，以及经过免疫的猪群发生口蹄疫等。

（3）传播速度缓慢。病猪零星陆续发生，传播过程持续1月以上，甚至常年陆续发生。如慢性或温和性猪瘟、散发性猪蓝耳病、散发性猪圆环病毒2型感染、猪气喘病、散发性仔猪大肠杆菌病、慢性链球菌病、猪传染性胸膜肺炎、副猪嗜血杆菌病、布鲁氏菌病、钩端螺旋体病、猪传染性萎缩性鼻炎、大多数寄生虫病等。

3. 发病或死亡日龄

（1）仅在初生乳猪（1周龄内）发病。常见有仔猪黄痢、仔猪红痢等。

（2）多见断奶前后仔猪发病。常见有伪狂犬病、仔猪断奶后多系统衰竭综合征（猪圆环病毒2型引起）、仔猪白痢、断奶后仔猪腹泻、李氏杆菌病、球虫病。

（3）引起母猪流产等妊娠中断的疾病。有日本乙型脑炎、猪细小病毒病、猪蓝耳病、伪狂犬病、布鲁氏菌病、弓形体病、衣原体病、钩端螺旋体病以及霉变饲料中毒等。有时猪瘟、其他高热病、病程长的酒糟中毒以及应激性因素也可导致流产。

（4）引起头胎母猪发生流产的疾病。常见的有日本乙型脑炎、猪细小病毒病。

（5）主要引起仔猪死亡的疾病。有口蹄疫、猪蓝耳病、伪狂犬病、猪传染性胃肠炎、猪流行性腹泻、猪轮状病毒感染、猪圆环病毒2型感染、球虫病、仔猪黄痢、仔猪白痢和仔猪红痢等。

4. 发病率

不同的猪病，在相同的发病时间内，发病率是不同的。发病率高的猪病，一个发病期内发病率在50%以上，甚至高达90%以上，多为

急性病毒性传染病，如口蹄疫、猪水疱病、猪流感、猪流行性腹泻、猪传染性胃肠炎、猪瘟、猪蓝耳病等；也见于特定情况下的一些细菌性传染病，如猪气喘病、猪痢疾、仔猪黄痢等。发病率较低的猪病，多为慢性传染病和寄生虫病。

5. 病死率

不同的猪病，在一定的发病时间内，病猪的死亡率是不同的。有的传染病目前尚无有效治疗方法，即使采取治疗措施，病死率仍然很高。病死率高于50%的猪病，多为猪瘟、仔猪口蹄疫、仔猪流行性腹泻或传染性胃肠炎、伪狂犬病、猪蓝耳病并发其他病、猪圆环病毒2型引起的仔猪断奶后多系统衰竭综合征、急性链球菌病、仔猪红痢、仔猪黄痢、急性猪肺疫等。

6. 初生仔猪整窝急性发病死亡

初生仔猪出现整窝急性发病死亡的现象，是仔猪发生伪狂犬病的一个比较典型的流行特点。其往往表现多数仔猪生下的第一天还是正常的，第二天后便突然大批发病，在发病后1～2天内大多数病猪死亡，常呈整窝整窝死亡。有的仔猪未见任何症状就死亡，有的病仔猪表现为体温升高、不食、间有呕吐和腹泻、后肢站立不稳、叫声嘶哑、吐沫流涎或有共济失调等症状。母猪可能没有什么异常表现，或有怀孕母猪发生流产等。

三 常见生猪疫病和群发病的诊断与防治

迄今为止,全世界已发现的生猪疫病和群发病已有100多种。本书介绍的是目前在我国经常发生的、对养猪业造成危害较大的疫病和群发病,其中口蹄疫、猪瘟、猪蓝耳病、乙型脑炎、猪流感、猪链球菌病等20多种疫病危害较大。须注意的是,我们应密切关注目前国内没有发生,但在国外流行并产生严重危害的非洲猪瘟、尼帕病毒感染等一些疫病。

(一)病毒病

1. 口蹄疫

口蹄疫(FMD)是由口蹄疫病毒感染引起的一种急性、热性、接触性传染病,有A、O、C、亚洲I型和南非1、2、3型血清型,型间无交叉免疫保护。此病以猪的口、蹄部出现水疱性病症为主要特征。世界动物卫生组织(OIE)将其列为必须报告的A类动物传染病,我国将其规定为一类动物疫病。口蹄疫病毒对酸碱度和高温敏感,当环境pH低于6或高于9时,或超过56℃时,病毒很快死亡,但在粪尿中可存活数月;酸、碱、醛类消毒剂、氧化剂、含氯或碘的消毒剂等均能有效杀灭该病毒。

● 发病(流行)特点

本病的发生无明显季节性,但冬、春两季更易发。

病猪和带毒猪为主要传染源，发病初期的病猪是最危险的传染源，康复猪可带毒5个月左右。病毒通过水疱液、排泄物、分泌物、呼出的气体等向外排放，污染饲料、水、空气、用具和环境。猪可通过呼吸道、消化道、生殖道和伤口等途径感染病毒。本病发病急，传播极为迅速，一个没有免疫过的猪群可在1~2天内几乎全部感染发病。仔猪对口蹄疫病毒最易感，发病率、死亡率均可达100%，但成年猪的病死率一般不超过3%。受过有效免疫的猪群，即使感染了此病毒，发病率也不高，可能呈零星发生，且病猪临床症状较轻，甚至不明显。

临床症状

潜伏期1~2天。病初体温达40~41℃，精神沉郁，食欲不振，在鼻盘上端边缘、蹄踵和蹄冠及副蹄等部位可见水疱、烂斑，水疱内充满淡黄色或无色的清亮浆液。病猪跛行，严重者跪行或爬行，有些病猪蹄壳脱落，恢复期可见瘢痕、新生蹄甲。在母猪的乳头、个别的在乳房上可见到水疱、烂斑；偶尔见到阴唇、阴囊的皮肤上也有水疱、烂斑。哺乳仔猪常因发生急性胃肠炎和心肌炎而整窝死亡，妊娠母猪可发生流产。

剖检病理变化

病猪咽喉、鼻腔、气管、胃黏膜有时可见烂斑或溃疡；心包膜有弥散性及点状出血；心肌及其切面可见灰白色或淡黄色斑块或条纹，形似老虎身上的斑纹，称为"虎斑心"；心肌松软，似煮过的肉。

诊断

根据猪口、鼻、蹄、乳头等部位出现的水疱，一般可作出初步诊断。但为了与猪水疱病等类似疫病鉴别，或确定口蹄疫病毒血清型，需进行实验室检验确诊。用于实验室检验的样品以病猪蹄部、鼻端、乳头等部位未破裂的水疱皮和水疱液为最好。对临床健康但怀疑带毒的生猪，可在扑杀后采集淋巴结、脊髓、肌肉等组织样品作为检测材料。怀疑曾有疫情发生的猪群，在错过组织样品采集时机后，可采集猪血样，通过抗体检测进行追溯性诊断。常用的病原学检测方法有间接夹心酶联免疫吸附试验、RT-PCR试验、反向间接血凝试验、病毒分离鉴定等。常用的血清学检测方法有中和试验、液

三　常见生猪疫病和群发病的诊断与防治

相阻断酶联免疫吸附试验、非结构蛋白酶联免疫吸附试验、正向间接血凝试验等。

● **主要防治方法**

平时应采取免疫、监测、消毒、隔离等综合性预防措施，实施自繁自养、全进全出等科学养殖方式，禁止饲喂未消毒的泔水，严防疫病传入发生。我国对口蹄疫实行强制免疫政策，实行程序免疫和集中免疫相结合的方法，公、母猪每年至少免疫2~3次；仔猪在断奶后应适时进行首免，过3~4周进行二免，必要时过2个月后进行三免。

本病发生后，应立即报告当地政府或兽医部门，按照国家规定处理。国家对本病实施强制扑杀政策，疫情发生地兽医部门将及时划定疫点、疫区、受威胁区，当地政府对疫区实施封锁，禁止易感牲畜及其产品进出，对出入人员和车辆进行严格消毒，对病猪及其同群猪及时扑杀。所有病死猪、被扑杀生猪及其产品、排泄物以及被污染或可能被污染的垫料、饲料和其他物品选用深埋、焚烧、堆积发酵等方法进行无害化处理。

2. 猪水疱病

猪水疱病（SVD）是由猪水疱病病毒引起的一种接触性急性传染病，以猪的蹄踵、蹄冠、唇、舌、鼻及乳头部出现水疱为特征。世界动物卫生组织（OIE）将其列为必须报告的A类动物传染病，我国将其规定为一类动物疫病。本病原具有抗酸性，pH低于3时仍不死亡；对高温敏感，60℃时很快死亡；碱、醛类消毒剂、氧化剂、含氯或碘的消毒剂等均能有效杀灭该病毒。

● **发病（流行）特点**

本病一年四季均可发生，但多见于冬、春两季。

猪是猪水疱病毒唯一的自然宿主，不分年龄、性别、品种均可被感染。病猪、潜伏期的猪、康复带毒猪和隐性感染猪是主要传染源。病毒通过粪、尿、鼻液、口腔分泌物、水疱皮、水疱液、乳汁排出，猪经接触或饲用污染的物品、饲料等经消化道黏膜、损伤的皮肤感染。本病在农村散养猪中发病率低，在规模养殖场集中圈养猪中发病率高。仔猪比成年猪易感，纯种猪比杂交猪易感。本病传播速度快，发病率高，若无继发感染，死亡率不高。

● 临床症状

自然感染的潜伏期为2～4天，有的延至7～8天或更长。因病毒株、感染途径、感染量及饲养条件的不同，临床症状可呈现典型、温和型和亚临床型三种。典型的水疱病，病猪体温短暂升高到40～41℃，水疱破溃后体温降至正常；病猪精神沉郁，食欲减退或停食；在蹄踵、蹄冠、舌、鼻盘及乳头部出现水疱，水疱破后形成溃疡，常常环绕蹄冠皮肤与蹄壳之间裂开，严重时蹄壳脱落；病猪跛行或卧地不起，个别跪地爬行。温和型水疱病，只见少数猪出现水疱，传播速度缓慢，症状表现轻微，不容易被发现。亚临床型水疱病，病毒在猪体内增殖，不出现临床症状。

● 剖检病理变化

病猪口腔、鼻端和蹄部有水疱破溃后形成的溃疡灶，少数病例在心内膜有条状出血斑，其他脏器无可见的病变。

● 诊　断

靠临床症状无法区分猪水疱病、猪口蹄疫、猪水疱性疹和猪水疱性口炎，需要实验室检验加以诊断。用于检验的病料主要是病猪水疱皮、水疱液、血清等样品。目前，我国猪水疱病的实验室诊断依赖病毒分离与鉴定、反向间接血凝试验、琼脂凝胶免疫扩散试验和病毒中和试验等方法。病毒中和试验适用于诊断和进出口猪检疫及抗体水平的评估；反向间接血凝试验和琼脂凝胶免疫扩散试验适用于大批样品筛选试验，包括产地检疫、疫情监测、流行病学调查和无本病健康猪群的建立。

● 主要防治方法

防治本病最重要的方法是严格执行综合防疫措施，特别是加强检疫，严禁从疫区调入生猪及其产品，强化猪场运输猪和饲料的交通工具的消毒，禁止饲喂未消毒的泔水，杜绝病源传入。

一旦发生猪水疱病，生猪饲养场（户）应立即报告当地政府和兽医部门。当地兽医部门按"早、快、严、小"的原则，划定疫点、疫区、受威胁区，由政府封锁疫点，及时扑杀病猪和同群猪，并深埋作无害化处理。限制疫区动物和车辆流动,对所有出入疫区的车辆和人员严格消毒,对污染或可能污染的区域进行全面消毒。

3. 猪瘟

猪瘟(HC)是由猪瘟病毒引起的临床上呈现多种变化的一种严重传染病,属我国一类传染病。本病以全身组织器官泛发性小点出血为特征,传染性极强,病死率很高。猪瘟病毒对环境抵抗力较强,在室温条件下能存活2~5个月,但对多种消毒剂敏感,常用的碱类消毒剂、含氯消毒剂能很快杀死该病毒。

● 发病(流行)特点

本病一年四季均可发生,没有明显的季节性。

不同年龄、不同品种的猪都可感染发病。没有接种过猪瘟疫苗的猪群,发病率和死亡率可高达90%以上;在常发的猪场,则相对低一些。病猪极少能康复,能康复的也往往生长缓慢或成为僵猪。免疫效果不确实的免疫猪感染猪瘟病毒后,症状轻微或无临床症状,但会不断排出病毒,使猪场内猪瘟连绵不断。除强毒株病毒外,还有一种毒力较低的温和型猪瘟病毒,感染这种病毒的大猪,一般出现轻微的临床症状,死亡率很低,但仔猪感染后,死亡率还是很高的;怀孕母猪感染时,母猪本身可不发病,但会传染给胎儿,引起死胎或弱胎,弱胎出生后陆续死亡。病猪、康复猪和隐性感染猪是本病的传染源。

● 临床症状

病猪的临床症状较复杂,有最急性、急性、亚急性、慢性和不典型之分。最急性者症状最为严重,病猪常在1~2天内死亡,甚至看不到症状便突然死亡。急性者表现为少食或废食,病猪发抖怕冷,常堆聚在一起,四肢无力、行走摇晃,体温达41~42℃并持续不退;其耳、鼻盘、四肢、腹下和尾部等,甚至是全身的皮肤有红色或紫色的出血点,并逐渐扩大连成片或斑,甚至引起皮肤坏死区,有的双耳或尾部因出血、坏死呈蓝黑色并干枯,可发生眼结膜炎和黏液脓性流泪,有的眼结膜上也有出血斑点;病猪先便秘,后出现黄褐色水样腹泻,颌下和腹股沟淋巴结明显肿胀;一般在1~3周内死亡。亚急性型的症状与急性的相似，但要缓和一些，或时好时坏，病程稍长。慢性型的病猪病程在1个月以上，甚至长达数月，病猪开始时食欲下降、体温升高，几周后可能明显好转，然后体温又升高、厌食，并表现为渐渐消瘦、皮肤出现出血等症状，偶见后躯麻痹，并常见弓背站立，直至死亡；个别病猪可再次好转而成为僵猪。不典型的猪瘟病猪症状不明显，仅表现为低热，或食欲较差、生长速度减慢。

有些猪瘟病例，发病后期出现共济失调，表现步态蹒跚或后肢交叉状，接着后躯出现麻痹等症状。

本病也可引起初生仔猪颤抖和繁殖障碍症。

● 剖检病理变化

典型的猪瘟病变是各种内脏出血。多见颌下、腹股沟、肠系膜甚至全身的淋巴结周边出血肿大，切面呈大理石样观，严重出血的呈黑枣样；肾脏贫血，呈土黄色，有针尖状出血点，似麻雀蛋样；有的膀胱黏膜、喉头、会厌软骨及胆囊黏膜上有数量不一的出血斑点，严重时皮肤、皮下组织、肌肉以及心、肺、气管、胃肠黏膜、浆膜也有出血斑点。有的病猪出现胃溃疡，有的病猪扁桃体发生坏死，有的病猪脾脏边缘出现数量不等的出血性梗死病灶。病程较长的病猪，其大肠（回盲瓣处）有纽扣状溃疡。不典型的病猪仅可见数个淋巴结轻度出血，其他脏器都没有异常变化，甚至有的发病仔猪仅仅表现为全身贫血症状，无任何出血点可见。

● 诊　断

典型病例可根据流行特点、临床症状和病变作出诊断。当遇到不典型的病猪，各种治疗方法无效、病猪仍陆续出现时，应考虑到猪瘟，并及时采集病死猪的肾、扁桃体等病料送有关实验室进行检验。

临床上出现皮肤出血者应注意与弓形体病、猪蓝耳病、仔猪副伤寒、败血性链球菌病等猪病鉴别，剖检仔猪肾脏上有细点状出血的应与伪狂犬病、猪蓝耳病等鉴别。

● 主要防治方法

猪瘟病猪难以治疗，所以要特别重视综合预防措施，尤其要开展程序化免疫。正常情况下，仔猪21～25日龄首免，过2～3周进行二免；母猪应在每次配种前进行免疫；公猪每年免疫2～3次。

疫病发生后应及时采取扑疫措施，扑杀所有病猪和可疑带病毒的猪，并对所有死亡和扑杀的猪进行销毁等无害化处理，对环境进行彻底消毒，坚持每天进行带体消毒。对20日龄以上未接种过疫苗或接种疫苗有一定时间的临床健康猪，应紧急接种疫苗。疫情发生后要报告当地兽医部门。

如果猪场时常有猪瘟病猪出现，应采取猪瘟净化技术。除了一般的综合预防和扑疫技术外，还应采取以下措施：①如果猪场污染严重，常有猪瘟病猪出现，应采取超前免疫（又称"0"小时免疫法），即将仔猪首免日龄提前到仔猪出生后吃初乳前1～2小时进行。②若超前免疫仍不能控制乳猪发病的，应考虑母猪是否带毒，淘汰生产不正常的母猪。③对留作种用的公、母猪，应在断奶后不久，采集其扁桃体送实验室作猪瘟病原检测，阴性者才可留用。④对猪舍和运动场，每周坚持消毒1～2次。

4. 猪繁殖与呼吸障碍综合征（猪蓝耳病）

猪繁殖与呼吸障碍综合征（PRRS）是由猪繁殖与呼吸障碍综合征病毒引起的一种新的高度传染性猪病。本病以母猪发热、厌食、流产、产死胎、木乃伊胎等繁殖障碍，以及猪的呼吸道症状和仔猪高死亡率为特征。常用的消毒剂均能杀死该病毒。

● 发病（流行）特点

本病于20世纪80年代被发现，现已流行于世界各地，近十年来在我国流行严重，造成重大损失。从已有的临床资料看，目前该病病毒污染十分广泛，感染率很高，已经成为类似于猪支原体（喘气病病原）的一种常在的条件性病原，一旦遇到不良因素特别是高温高湿、拥挤和通风不良等，就可造成猪群暴发此病，因此夏、秋季节更容易暴发流行本病，而且本病一旦传入猪群中，要根除很困难。

本病仅见于猪，不同年龄、不同品种的猪均能感染，较大生长猪和肥育猪症状较缓和，母猪和仔猪症状严重。受感染猪群母猪流产、早产、死胎率可达20%～30%，断乳前仔猪死亡率可高达80%，较大的猪死亡较少，康复猪或临床健康猪仍能带毒排毒。

由于本病病毒能破坏免疫系统，故猪发生本病后常继发或并发其他细菌（病毒）病，如猪瘟、猪圆环病毒感染、链球菌病、副猪嗜血杆菌病、猪附红细胞体病、猪肺疫等。

临床症状

发病母猪初期的症状主要是发热、嗜睡、食欲不振、呼吸困难等，大批妊娠后期母猪发生流产、早产、产死胎、木乃伊胎、弱仔，严重时母猪流产率可达50%~70%。病仔猪发热、堆聚在一起，呼吸困难，严重的呈张口呼吸，流鼻涕和打喷嚏，不安、斜卧、共济失调，侧卧后有划水状动作，进行性消瘦，眼睑水肿且有时水肿的眼睑呈暗紫色，也可见有腹泻等症状。部分患猪在耳尖、四肢末端乃至其他体表皮肤等部位发绀，呈紫蓝色，故又称"猪蓝耳病"。生长肥育猪表现为呼吸困难、发热、皮肤发红、咳嗽等。部分病猪后躯麻痹。

剖检病理变化

由于本病能破坏免疫系统，猪一旦感染后常造成继发或并发感染，所以死亡后剖检变化复杂多样。发病初期或单纯的猪蓝耳病以间质性肺炎为特征，打开胸腔后，可见肺塌陷、萎缩、失去弹性、感觉坚实，呈灰褐色、斑驳状；淋巴结肿胀，有时呈大理石样出血；肾常有出血点；皮下毛囊可能有出血；心外膜出血。发生并发或继发感染的，病变常依并发或继发感染的细菌和（或）病毒的不同而不同，可发生全身败血症、心包炎、胸腹膜炎、大叶性肺炎、黄疸等。

诊　断

由于本病极易引起继发或并发感染，故仅根据临床病症和流行特点难以对本病作出诊断，最后确诊应进行实验室病毒检验和血清学试验。如果母猪发生流产、死胎、木乃伊胎，仔猪大量死亡，而肥育猪发病相对较轻，应考虑可能发生本病。如能观察到患猪耳朵、四肢等呈紫蓝色，可作初步诊断，但由于出现发绀的患猪比例少、时间短，不易观察到。荷兰提出一种简易的临床诊断方法，即20%以上胎儿死产、8%以上母猪流产、断乳前

三 常见生猪疫病和群发病的诊断与防治

有26%以上仔猪死亡，三项指标中有两项符合则临床诊断成立。

本病应与其他繁殖障碍症和呼吸道病如伪狂犬病、猪圆环病毒感染、猪瘟以及继发的各种传染病等进行鉴别。

● 主要防治方法

本病治疗效果并不理想，重点在预防。在坚持按免疫程序进行免疫的同时，要采取综合防疫措施，特别是要坚持合理的饲养密度，不能过高；高温季节要采取有效的通风降温措施；保证营养，努力提高生猪的自身抵抗力；加强消毒，尽可能减少环境中的各种病原。

对发病猪可采取输液、补充电解质和多种维生素、降温、抗菌等方法；也可用清热解毒、增强免疫功能的中草药，配以青绿饲料饲喂。

5.猪流行性感冒（猪流感）

猪流感是由猪流感病毒（SIV）引起的一种急性、热性的呼吸道人畜共患病，其特征是突然发生，并迅速波及全群，发病率高，死亡率低。本病病毒对低温和干燥抵抗力较强，在60℃以上环境下半小时就死亡，常用消毒剂均能有效杀死该病毒。本病呈地方性流行。

● 发病（流行）特点

本病一年四季均可发生，但在春、冬寒冷季节和环境温度波动大的情况下多发，呈地方性流行。

本病病程短，发病率高，死亡率低，但遇到继发感染，死亡率可能显著提高。本病常突然发作，传播迅速，一般在3～5天内达高峰，2～3周后迅速消失。病猪和带毒猪是主要传染源，可带毒3个月之久。猪群遭遇阴雨、寒冷、运输等应激因素，可引起本病暴发。

● 临床症状

病猪主要表现为发热，体温可高达40.5～42℃，表现极度衰竭、厌食、迟钝、蜷缩；病猪常堆聚在一起，驱赶时由于肌肉关节疼痛常发出惨叫声；结膜充血，眼、鼻流出浆液性分泌物，打喷嚏，呼吸困难、急促，呈腹式呼吸。发病后5～7天开始迅速恢复。如发生胸膜肺炎、猪肺疫、副猪嗜血杆菌和链球菌等继发感染，则病情更加复杂。

● 剖检病理变化

本病病变主要在呼吸道，表现为呼吸道黏膜充血、肿胀并被覆黏液，有的支气管被渗出物堵塞而使相应的肺组织萎缩；肺膨胀不全，在膨胀不全区域周围常有气肿，界线明显。严重的病例可引发支气管肺炎、大叶性肺炎和纤维渗出性胸膜肺炎、肺水肿、脾肿大。患猪颈部、肺部及纵隔淋巴结明显充血、水肿；胃黏膜严重充血，特别是胃大弯部。

● 诊　断

根据本病流行特点、临床症状及病理变化特点，可作出初步诊断。确诊尚需采集血清、鼻拭子、肺组织等样品送实验室进行病原学及血清学检测。

诊断时，应注意与猪传染性胸膜肺炎、猪蓝耳病、猪肺疫等传染病相区别。

● 主要防治方法

预防本病目前尚无效果理想的疫苗，因此主要还是加强饲养管理，保持畜舍清洁卫生，增强猪的抵抗力。对于病猪特别要注意精心护理，提供舒适的猪舍和清洁、干燥、无尘土的垫草；为避免其他的猪发生应激反应，在急性发病期内不应移动或运输生猪。由于多数病猪发热，故应保证供给新鲜洁净的饮用水。

本病无特效治疗药，但可用解热镇痛药对症治疗及应用抗生素防止并发症。

6. 伪狂犬病

伪狂犬病是由伪狂犬病毒（PRV）引起的可导致多种动物发病的一种传染病，生猪发病以发热、初生仔猪高发病率和高死亡率、母猪流产或产死胎为特征，许多养猪场均存在这种病。伪狂犬病毒对环境抵抗力较强，常温下可存活1个月以上，但常用的碱类消毒剂和含氯消毒剂可迅速杀灭该病毒。

发病（流行）特点

本病的发生具有一定的季节性，多发生在寒冷季节，但其他季节也有发生。

本病不仅发生于猪，也能使牛、羊、犬等其他动物发病，死亡率极高。成年猪发病症状轻微且很少死亡，但可长期携带病毒。怀孕母猪感染后，病毒可经胎盘组织侵入胎儿，引起胎儿发病，导致死胎和流产。没有免疫的新发病猪场，新生仔猪及4月龄内仔猪发病严重，可造成大批死亡。前者极少康复，往往第1天正常，第2天发病，第3～5天内大批死亡，有的整窝仔猪死亡，1周龄内仔猪发病率、死亡率几乎可达100%；后者死亡率在40%～60%。除病猪外，鼠类也是重要的疫病传播者，带病毒公猪配种也是重要传播途径。

临床症状

成年猪一般为隐性感染或症状不明显，呈现发热、精神沉郁或伴有呕吐、打喷嚏、咳嗽等症状，4～8天内完全恢复。如果是怀孕母猪感染，会发生流产或产木乃伊胎和死胎。仔猪尤其是初生仔猪则突然发病，体温高达41℃以上，精神极度不良，呼吸困难，不食，吐沫流涎，呕吐，腹泻，脱水，36小时内死亡。有些病仔猪呈现发抖、运动不协调、痉挛或只能向后移动等症状，有些发展成角弓反张，有些做圆周运动，有些侧卧做划水运动，有些因后肢麻痹呈犬坐式，最后体温下降而死亡。1月龄以后的猪，症状显著减轻，死亡率也大为下降。本病也会引起初生仔猪颤抖。有资料称，急性病例康复者眼睛可失明。

剖检病理变化

如果是神经症状明显的病死猪，则脑膜明显充血、出血，脑脊髓液量过多；肾脏贫血并常有大量细小的出血点；肝、脾等实质器官常有灰白色坏死点。有的病例可见坏死性扁桃体炎。流产的胎儿，多种器官组织出血或坏死。

诊　断

根据病畜临床症状、剖检变化以及流行特点可作出初步诊断。

本病的神经症状与脑膜脑炎性链球菌病、水肿病、乙型脑炎等病相似，怀孕母猪流产或产死胎、木乃伊胎又与乙型脑炎、细小病毒病等繁殖障碍症相似，肾脏出血与猪瘟相似，故必须结合流行特点、其他症状进行鉴别。难以鉴别时，应采取血清、鼻咽拭子、扁桃体、脑脊髓组织等送实验室检验。常用血清学方法检验。也可用病死猪的脑、脊髓组织接种家兔，接种2天后，接种部位发生奇痒，病兔先舔接种点，以后用力撕咬接种点，持续4~6小时，最后死亡，以此鉴别。也可取上述病料进行压（切）片，用荧光抗体检测。

● 主要防治方法

本病目前尚无特效的治疗方法，做好疫苗免疫工作是预防该病的关键。同时，应采取综合预防措施。要消灭猪场的老鼠。引进外来猪只时要格外小心，引进后不仅要隔离，而且隔离期过后也不准与本场猪同群混养。引进的公猪应采取人工授精。

7. 猪圆环病毒2型感染

猪圆环病毒2型感染是由猪圆环病毒2型（PCV2）所引起的一系列疾病的总称，包括仔猪断奶后多系统衰竭综合征（PMWS）、猪皮炎—肾病综合征（PDNS）、繁殖障碍、肺炎、肠炎、先天性震颤等。猪圆环病毒2型对常规消毒剂抵抗力很强。

● 发病（流行）特点

本病没有明显的季节性。

猪是猪圆环病毒2型的天然宿主，各种年龄、不同性别的猪都可感染，但并不都表现出临床症状。

仔猪断奶后多系统衰竭综合征主要发生在哺乳期和保育期的仔猪，尤其是5~12周龄的仔猪。一般于断奶后2~3天或1周开始发病，急性发病猪群中，病死率可达10%。病猪常常由于并发或继发其他细菌（如副猪嗜血杆菌）或病毒感染而使死亡率大大增加，有时可高达50%以上。在已流行感染过的猪群中，发病率和死亡率都有所降低。各种环境因素如拥挤、空气污浊、各种年龄的猪混养及其他各种应激因素都可加重病情。

猪皮炎—肾病综合征主要发生于保育和生长育肥猪，一般呈散发，死

三 常见生猪疫病和群发病的诊断与防治

亡率低。

由猪圆环病毒2型感染引起的繁殖障碍主要危害初产的后备母猪和新建的种猪群。

猪圆环病毒2型常与猪蓝耳病病毒或猪细小病毒并发或继发细菌感染，使患病猪病情加重，死亡率升高。

病猪和带毒猪是主要的传染源，经消化道或呼吸道感染，也可通过胎盘垂直传播。

● **临床症状**

仔猪断奶后多系统衰竭综合征：最常见的症状是消瘦和生长迟缓，这也是诊断本病所必需的。此外，还可见呼吸困难、腹股沟等处淋巴结肿大、腹泻、贫血和黄疸等症状。在一头猪身上可能见不到上述所有的基本临床症状，但在发病猪群可以见到所有的症状。在有的发病猪群，还可见到病猪眼圈肿胀并呈深暗色或暗紫色，似熊猫眼。其他比较少见的临床症状有咳嗽、发热、中枢神经系统障碍和突然死亡。

猪皮炎—肾病综合征：最常见的症状是猪皮肤上出现圆形或形状不规则、呈红色到紫色的斑点，病变中央呈黑色，常融合成大的斑块。病变通常出现在猪的臀部、腹部，也可扩散至喉、体侧或耳。感染轻的猪可自行康复，感染严重的猪可表现出跛行、发热、厌食、体重下降。

繁殖障碍：猪圆环病毒2型感染母猪可导致繁殖障碍，临床表现包括流产、产死胎、木乃伊胎和弱仔，仔猪断奶前死亡率升高。

目前发现，猪圆环病毒2型感染可以引起肺炎，表现出呼吸道症状；可以引起肉芽肿性肠炎，猪只表现为腹泻、消瘦；有先天性震颤的初生仔猪，大脑和脊髓中含有猪圆环病毒2型核酸。猪圆环病毒2型感染的病猪中，偶见有耳朵发生水肿。

● **剖检病理变化**

仔猪断奶后多系统衰竭综合征病例，肉眼可见的病变较复杂，常见的变化是间质性肺炎，包括肺脏肿胀，间质增宽，质地坚硬或似橡皮，其上散在有大小不等的褐色实变区，病肺呈斑驳状，实变区可在肺脏的前下缘融合成片；全身淋巴结，特别是腹股沟、纵隔、肺门和肠系膜淋巴结显著肿大，切面呈灰黄色坏死，或有出血；肾脏灰白，皮质部散在或弥漫性分布白色坏死斑点，肾脏大小由正常到显著肿胀；肝脏可能有中等程度的黄疸和（或）明显萎缩，伴有肝小叶融合；胃肠道有时呈现不同程度的损伤，胃的食管部黏膜水肿和非出血性溃疡，肠道尤其是回肠和结肠段肠壁变薄，肠管内液体充盈。继发细菌感染的病例可出现相应疾病的病理变化，如肺炎、心包炎、腹膜炎、关节炎等。

猪皮炎—肾病综合征病例在猪的后肢和会阴部，乃至全身出现明显的坏死性皮炎；肾脏苍白、极度肿胀，表面有白斑，皮质部有出血或淤血斑点。

● 诊 断

仔猪断奶后多系统衰竭综合征和猪皮炎—肾病综合征病例，依据流行特点和临床症状、剖检病变，可以作出初步诊断，确切诊断需采集肺、肾、淋巴结、血清等组织病料送实验室进行检验。与猪圆环病毒2型感染有关的繁殖障碍、肺炎、肠炎等，仅靠临床症状是没有诊断价值的。

需要注意的是，目前在临床上多种病原与猪圆环病毒2型合并感染的病例十分普遍。因此，在检测猪圆环病毒2型的同时，应检测其他病原体（如猪蓝耳病病毒、伪狂犬病毒、细小病毒、副猪嗜血杆菌等）。

● 主要防治方法

采用综合防疫措施是防控本病的主要方法。主要措施包括：做到生猪全进全出和分段隔离饲养；使用广谱消毒药定期消毒，最大限度地降低猪场内污染，减少或杜绝猪群继发感染的概率；减少冷、热、拥挤等应激因素，做好猪舍的通风换气，改善猪舍的空气质量，降低氨气浓度，保持猪舍干燥，降低猪群的饲养密度。目前，市场上也有用于免疫预防的商品化疫苗，可以试用。

8. 日本乙型脑炎（猪流行性乙型脑炎）

日本乙型脑炎简称猪乙脑，是由日本脑炎病毒引起的，由蚊子传播的一种人畜共患病，主要以母猪繁殖障碍和公猪睾丸炎为特征。

三 常见生猪疫病和群发病的诊断与防治

● 发病（流行）特点

本病流行的季节与蚊虫的繁殖和活动有很大的关系。本病病毒不仅能在蚊子体内繁殖，而且能经卵传给后代，并能随越冬蚊越冬，成为次年的传染源。我国多年统计资料表明，约有90%的病例发生在7、8、9三个月内。本病在猪群中感染率高、发病率低，而且主要是头胎母猪发病，绝大多数病猪病愈后不再复发，成为带毒猪。

● 临床症状

发病妊娠母猪表现为流产、产死胎等繁殖障碍，流产前有轻度的减食和发热，流产后食欲、体温恢复正常。同一胎的仔猪，在大小及病变上有很大差别，可有正常胎儿、弱仔、死胎或木乃伊胎。本病也会引起初生仔猪颤抖。

公猪感染本病后常发生睾丸炎，多为单侧性，少为双侧性。初期睾丸肿胀，触诊有热痛感；数日后炎症消退，睾丸逐渐萎缩、变硬。病猪性欲减退，精液品质下降，失去配种繁殖能力。

其他猪发病，体温突然升高达40～41℃，呈稽留热。病猪精神不振，食欲不佳，结膜潮红，粪便干燥如球状并附有黏液，尿液深黄色。有的病例后肢呈轻度麻痹，关节肿大，跛行，视力减弱，乱冲乱撞，最后倒地而死。

● 剖检病理变化

死胎和弱仔的主要病变是头大、脑水肿、皮下水肿、胸腔积液、腹水、浆膜有出血点、淋巴结充血、肝和脾有坏死灶、脑膜和脊髓膜充血。出生后存活的仔猪高度衰弱，并有震颤、抽搐、癫痫等神经症状，剖检多见有脑内水肿、颅腔和脑室内脑脊液增量、大脑皮层受压变薄、皮下水肿、体腔积液、肝脏、脾脏、肾脏等器官可见有多发性坏死灶。

出生后感染发病的猪，病理变化主要在脑，可见脑脊液增多，呈透明黄色，有时浑浊；有的脑膜有大小不等的出血斑点；切面脑血管充血。其他病变可能有心内外膜出血点。

诊 断

根据本病发生有明显的季节性及头胎母猪发生流产、死胎、木乃伊胎、公猪睾丸一侧性肿大等特征，可作出初步诊断。确切诊断必须采集脑组织、血清等样品送实验室进行检验诊断，其主要的方法有病毒分离、荧光抗体试验、补体结合试验、中和试验和血凝抑制试验等。

临床上应与猪细小病毒病、猪瘟、布鲁氏杆菌病、猪蓝耳病、伪狂犬病和弓形体病等引起的繁殖障碍症进行鉴别。

主要防治方法

消灭蚊虫是预防乙型脑炎的根本办法，但由于灭蚊技术措施尚不完善，预防猪乙型脑炎主要采用疫苗接种。用乙脑弱毒疫苗免疫后，夏秋分娩的新母猪产活仔率可提高到90%以上，公猪睾丸炎基本上得到控制。该疫苗除使用安全外，还具有剂量小、注射次数少、免疫期长、成本低等优点。

接种疫苗应注意：①疫苗必须在本病流行季节前使用才有效，一般要求4月份进行疫苗接种，最迟不宜超过5月中旬。②因有母源抗体干扰，接种对象必须是5月龄以上的种猪，5月龄以下的猪免疫效果不佳，免疫孕猪无不良反应。一般注射1次即可。如间隔作第二次注射，可进一步增强免疫效果。③注射部位用酒精或新洁尔灭消毒，忌用碘酊。

9. 猪细小病毒病

猪细小病毒病是由猪细小病毒（PPV）引起的以母猪繁殖障碍为特征的一种传染病。该病毒对外界环境的抵抗力较强，但碱类、氧化剂类消毒剂能有效杀灭该病毒。

发病（流行）特点

各种猪都会感染细小病毒，但一般不会发病，只有怀孕母猪感染后能引起妊娠胎儿死亡而导致怀孕中断。头胎母猪感染病毒后发病率比经产母猪高，夏秋季节比其他季节的发病率要高。感染此病毒的猪，本身虽不发病，但可不断排出病毒，传染给其他健康猪。

临床症状

怀孕母猪发病时,本身无临床症状,但会发生流产,或在临产时产下一些死胎、木乃伊胎,甚至全部是死胎;个别母猪因早期妊娠的胎儿死亡后全部被吸收而发生空怀。

诊 断

本病与乙型脑炎病毒引起的母猪繁殖障碍症非常相似,但乙型脑炎病毒感染一般情况下只引起头胎母猪发病,且母猪在发生繁殖障碍前可出现体温升高、食欲不振等症状。确切诊断可采集流产的胎儿、死胎、木乃伊胎或血清等样品送实验室进行病毒分离鉴定。

主要防治方法

本病无治疗方法。预防本病传入场内的重要方法是做好引进种猪的隔离检疫工作。已有本病存在的猪场,应对所有的空胎母猪在配种前半个月至1个月接种细小病毒疫苗,这样能显著降低母猪怀孕期间的发病率。

10. 猪传染性胃肠炎

猪传染性胃肠炎(TGE)是由猪传染性胃肠炎病毒引起的一种肠道传染病,以引起2周龄以下仔猪呕吐、严重腹泻、脱水和高死亡率为主要特征。本病呈世界性分布,是危害养猪业较严重的一种传染病。该病病毒不耐热,56℃加热45分钟、65℃加热10分钟即死亡,但4℃以下可以长时间保持感染性。本病病毒对光敏感,在阳光下曝晒6分钟即被灭活;在pH4~8时稳定。

发病(流行)特点

本病的发生具有明显的季节性,每年11月至次年的4月为发病高峰,夏季很少发病。

感染的主要途径是食入被污染的饲料,经消化道感染,也可以通过空气经呼吸道感染。新疫区本病传播迅速,数日内可蔓延整个猪场,使几乎所有的猪都发病。10日龄以内的猪死亡率很高,几乎达100%,但断乳猪、育肥猪和成年猪病后多为良性经过,5周龄以上的猪很少死亡。在老疫区,由于母猪大都具有抗体,故哺乳仔猪10日龄以内发病率和死亡率均很低,甚至不会发病，而断奶后仔猪却重新成为易感猪。

● 临床症状

仔猪感染后的典型症状是短暂的呕吐和水样腹泻，粪便呈黄色、绿色或白色，常含有未消化的凝乳块，气味恶臭；病猪严重脱水，体重迅速减轻。10日龄内的乳猪多于2～7天内死亡。随着日龄的增长，病死率逐渐降低。育肥猪和成年猪的症状较轻，表现为一天至数天内食欲不振；个别猪有呕吐，主要是发生水样腹泻，呈喷射状，排泄物灰色或褐色；病猪体重迅速减轻，整个病程在1周左右，腹泻停止而康复，极少死亡。

● 剖检病理变化

眼观病变主要集中在胃肠道，可见整个小肠气性臌胀，伴有卡他性炎；肠管扩张，内容物稀薄，呈黄色泡沫状；肠壁弛缓而缺乏弹性，变薄有透明感。25%的病例胃底黏膜潮红充血，并有黏液覆盖；50%的病例见有小点状或斑状出血，胃内容物呈鲜黄色并混有大量乳白色凝乳块（或絮状小片）；较大猪（14日龄以上的猪）约有10%的病例可见胃黏膜有溃疡灶，靠近幽门区可见有较大坏死区。另外，肠系膜淋巴结轻度或严重充血肿大。

特征性变化主要见于小肠。剖检时取空肠一段，用生理盐水轻轻洗去肠内容物，置平皿中，加入少量生理盐水，在解剖镜下观察。健康猪空肠绒毛呈棒状、均匀、密集，可随水的振动而摆动，而患病猪的小肠绒毛变短，粗细不匀，甚至大面积绒毛仅留有痕迹或消失。

● 诊　断

根据本病的流行特点、临床症状、病理变化等可作出初步诊断，确诊要采集小肠或粪便等样品进行实验室检验。

诊断应注意与猪流行性腹泻、猪轮状病毒感染、仔猪黄白痢、仔猪球虫病等疾病进行区别。

● 主要防治方法

母猪进行疫苗免疫对新生仔猪有良好保护作用，每年10月到第二年3月应进行免疫预防。妊娠母猪后期接种该疫苗，对3周龄哺乳仔猪的保护率达95%以上。寒冷季节做好保温工作，对预防本病具有重要作用。

三　常见生猪疫病和群发病的诊断与防治

本病没有特效治疗药物，发病后要及时补水和补盐，喂给大量的口服补液盐，防止脱水。用肠道抗生素防止继发感染，可口服或注射抗生素或磺胺药，如庆大霉素、小檗碱、诺氟沙星、恩诺沙星、环丙沙星、复方磺胺甲唑、治菌磺等。如果病猪不脱水，又能控制继发感染，则一般能康复。猪场发生该病时应立即用2%～3%烧碱对猪舍、运动场、用具、车辆等进行全面消毒。严格隔离发病猪，将损失控制在最小范围内。

11. 猪流行性腹泻

猪流行性腹泻（PED）是由猪流行性腹泻病毒引起的仔猪和育肥猪的一种急性肠道传染病，临床上以腹泻、呕吐和脱水为特征，其发病率和死亡率都较高。目前本病呈世界流行。本病病毒对外界环境和消毒药抵抗力不强，一般消毒药都可将其杀灭。

发病（流行）特点

本病的发生有一定的季节性，冬季多发，我国多在12月至次年3月寒冬季节发生。

各种年龄猪对本病都很敏感，传播迅速，哺乳仔猪、断奶仔猪和育肥猪感染发病率达100%，成年母猪为15%～90%；1周龄内的仔猪死亡率较高，可达50%，甚至达100%。病猪是主要传染源，经消化道感染。但有人报道本病还可经呼吸道感染，并可由呼吸道分泌物排出病毒。

临床症状

临床表现与典型的猪传染性胃肠炎十分相似。哺乳仔猪发病症状明显，体温正常或稍偏高，表现为呕吐、腹泻、脱水、运动僵硬等症状。呕吐多发生于哺乳和吃食之后。呕吐、腹泻的同时，患猪伴有精神沉郁、厌食、消瘦及衰竭。症状的轻重与年龄大小有关，年龄越小，症状越重。1周龄以内的哺乳仔猪常于腹泻后2～4天内因脱水而死亡。断奶猪、育成猪症状较轻，表现为精神沉郁，有时食欲不佳、腹泻，可持续4～7天，后逐渐恢复正常。

剖检病理变化

尸体消瘦脱水，皮肤干燥；哺乳仔猪胃内有多量黄白色的乳凝块；小肠病变具有特征性,通常肠管膨满扩张、充满黄色液体,肠壁变薄,肠系膜充血,肠系膜淋巴结水肿;经检测小肠绒毛缩短,腹泻12小时绒毛变得最短。

● 诊　断

本病的流行特点、临床症状、病理变化基本上与猪传染性胃肠炎相似,只是病死率比猪传染性胃肠炎稍低,在猪群中传播速度也比较缓慢一些,因此根据临床特点可作出初步诊断。确诊需要采集小肠、粪便等样品进行实验室检验。

诊断时,应注意与猪传染性胃肠炎、猪轮状病毒感染、仔猪黄白痢、球虫病等疾病进行区别。

● 主要防治方法

本病无特效药治疗,防治方案可参考猪传染性胃肠炎。保温和对母猪进行疫苗免疫,对新生仔猪有良好的保护作用。应用补液等对症疗法,可以减少仔猪死亡率,促进康复。每年10月到第二年3月应进行免疫预防。

12. 猪轮状病毒感染

猪轮状病毒感染是由轮状病毒(RV)所致的一种以腹泻为特征的猪传染病。轮状病毒对理化因素抵抗力强,在pH3~9时稳定,在粪样中可耐受60℃30分钟,而在18~20℃时至少可耐受7~9个月。在干燥的粪便、灰尘、产区污水和断奶舍都可检出轮状病毒,病毒在已清空的猪舍内可存活3个月。可抵抗常用消毒剂,但可被1.4%甲醛溶液、10%碘酊灭活。

● 发病(流行)特点

本病多发生在晚秋、冬季及早春季节,具有明显的季节性,高峰在晚秋及冬季,少数地区季节性不明显而呈终年流行。

仔猪多发,暴发时发病率可达80%,病死率可超过50%,严重时可达100%。1~3周龄仔猪的感染率高于4~6周龄仔猪。初产母猪的仔猪比经产母猪的仔猪更易感染。7日龄以前仔猪可能受母源抗体保护而不常感染。成年猪与育成猪多为隐性感染。猪群一旦感染,以后将每年发生,难以净化。这可能与病毒具有较强的抗逆能力有关。

病毒经粪—口途径在猪群中传播。由于病毒在环境中抵抗力强，故存留在畜舍中的病毒在传播中起重要作用。

● 临床症状

新发病的猪群，即没有母源抗体的1~5日龄仔猪发病时症状最严重。病初出现精神不振，食欲下降，偶尔发生呕吐。随后发生严重水泻并持续3~5天，粪便呈黄白、黄绿或暗黑色，水样或糊样，严重者带有黏液和血液，以及数量不等的絮状物，病猪严重脱水并可能在腹泻暴发2~5天后死亡，较轻的经1~2周逐渐恢复正常。1周龄仔猪症状（腹泻和脱水）不太严重，4周龄后的仔猪仅发生1天左右短暂腹泻。死亡率随年龄的增大而降低。

有母源抗体的猪群，常发生于7~14日龄的哺乳仔猪或断奶后7天内的仔猪，仔猪发病日龄在特定猪群中往往较为一致。腹泻3~4天后，部分病例出现严重脱水并死亡。哺乳仔猪往往只出现较轻微的临床症状，这可能与母源抗体保护有关。

● 剖检病理变化

眼观病理变化主要限于小肠，小肠肠壁变薄，半透明，肠腔臌胀，含有大量水分、絮状物及黄色或灰白色的液体；有时小肠广泛出血，肠系膜淋巴结肿大。盲肠和结肠也因含类似的内容物而显臌胀。胃内常充满凝乳块和乳汁。

● 诊　断

在寒冷季节，1~3周龄新生仔猪或刚断乳仔猪突然发生水样腹泻，应考虑轮状病毒感染，但要与类似疾病如猪传染性胃肠炎、猪流行性腹泻、仔猪黄白痢、球虫病等进行鉴别。确切诊断应及时收集疾病急性期粪样或肠内容物送实验室进行病原学检验。

● 主要防治方法

目前，国内还没有商品疫苗，也无特效治疗药。因此，加强管理是预防本病的关键，如搞好清洁卫生与消毒，遵循"全进全出"的管理模式；仔猪尽早吃初乳，不过早断乳，注意保温；严格执行兽医防疫措施，增强母猪和仔猪的抗病力。

重症病猪可采用对症疗法。抗生素治疗可以减少由轮状病毒和继发细菌感染引起的死亡。自由饮用含葡萄糖—甘氨酸的电解质溶液，或静脉注射葡萄糖盐水和碳酸氢钠溶液，可最大限度地防止脱水与酸中毒。应保持良好的周围环境，减少贼风和温度的波动。

（二）细菌病

1. 链球菌病

猪链球菌病是由多种不同群的链球菌引起的不同临床类型传染病的总称，也是引起多种动物和人感染的一种人畜共患病，尤其是猪链球菌2型引起的病。临床上可将其分为败血型、脑膜脑炎型、局部淋巴结脓肿型和关节炎型四个类型。链球菌对高热和常用消毒剂抵抗力不强，日光照射2小时也能被杀死。

● 发病（流行）特点

本病一年四季均可发生，没有明显的季节性，但湿热季节更易发生。

集约化猪场易暴发流行链球菌病，尤其是通风不良、闷热、低矮的猪舍更易发生。所有年龄的猪都有易感性，但以30～60千克的架子猪多发。仔猪的病死率较高。偶见怀孕母猪发病，成年猪发病较少。本病在新疫区呈暴发性发生，多数为急性败血型，在短期内波及全群，发病率和病死率甚高；脓肿型几乎不死亡，但可成为重要的传染源。病猪和带菌猪是主要传染源。

● 临床症状

临床常见急性败血型。最急性的往往不见明显症状就死亡。病程稍长的病猪，体温升高至40～42℃，持续不退，全身症状明显，皮肤潮红，呼吸急促，呈犬坐式呼吸，食欲废绝，眼结膜潮红，流泪，流出红色泡沫状鼻液，在耳、颈部、腹下及四肢末端出现紫斑，1～4天死亡。脑膜脑炎型多见于哺乳仔猪和断奶仔猪，出现神经症状，如痉挛甚至角弓反张、口吐白沫、共济失调、转圈、仰卧、四肢划动呈游泳状、后肢麻痹、爬行，1~5天死亡。关节炎型常由急性型转变而来，表现为一肢或几肢关节肿胀、疼痛，跛行，重者不能站立，精神和食欲时好时坏，衰弱死亡或逐渐恢复，病程2~3周。脓肿型以颌下、咽部、颈部等处淋巴结化脓为特征，形成凸起可见的脓肿，有的仅在体表局部出现一至数个脓肿，无其他异常变化。

剖检病理变化

急性败血型以出血性败血症病变和浆膜炎为主，表现为血液凝固不良，急性死亡猪可从天然孔流出暗红色血液，黏膜、浆膜、皮下组织和肌肉出血，鼻黏膜紫红色、充血及出血，喉头、气管黏膜充血出血，常见大量泡沫；肺充血肿胀，可有出血斑点，或发生大叶性肺炎；全身淋巴结有不同程度的充血、出血、肿胀，有的切面坏死或化脓；心包及胸腹腔积液、化脓、浑浊，含有絮片状纤维素，或附着于脏器，造成与脏器粘连；脾脏明显肿大，边缘有出血性梗死；肾肿大，或有出血斑点。脑膜脑炎型呈现脑膜充血、出血，严重者溢血，部分脑膜下有积液。慢性关节炎型仅关节皮下有胶样水肿，关节囊内有黄色胶冻样或纤维素性脓性渗出物，关节滑膜面粗糙，严重病例周围肌肉组织化脓、坏死。局部淋巴结脓肿型表现为局部淋巴结脓肿，切开后可见化脓。

诊　断

脓肿型链球菌病一般可根据症状作出诊断，但其他病型症状和病变较复杂，确诊要进行实验室诊断，主要方法是采集心血、肝和病变组织等病料进行细菌分离鉴定。急性败血型病猪的许多病变和症状与猪肺疫、猪瘟、弓形体病等相似；脑膜脑炎型的与伪狂犬病、水肿病、猪蓝耳病、副猪嗜血杆菌病、猪李氏杆菌病、食盐中毒等相似；关节炎型与副猪嗜血杆菌病、布鲁氏菌病、关节炎型衣原体病、乙型脑炎、慢性猪丹毒相似，诊断时应加以鉴别。

主要防治方法

除采取综合防疫技术外，可用猪链球菌疫苗进行定期免疫。弱毒苗免疫前后1周内，均不可饲喂或注射任何抗菌类药物，以免影响疫苗免疫效果。

发病后，用头孢类、青霉素类、小诺米星和磺胺类药物早期治疗有一定的效果。有条件的要做药敏试验，选择敏感药物治疗。一旦发病，应在全群饲料中添加敏感药物，以防止继续传播而造成更大的损失。

2. 大肠杆菌病（仔猪黄痢、仔猪白痢、猪水肿病）

大肠杆菌是人和动物肠道的常住菌，大多数无致病性，但其中的某些血清型为病原菌，如 K_{88} 等，主要危害幼畜。肠毒素是造成幼畜腹泻的主要因素，常引起仔猪黄痢、仔猪白痢。致水肿毒素和神经毒素可引起仔猪水肿病。带菌动物通过粪便污染环境、饲料和饮水等，再通过消化道感染发病。

（1）仔猪黄痢（新生仔猪腹泻）

● 发病（流行）特点

本病是初生仔猪的一种常见的急性、致死性传染病，临床上以拉黄色水样粪便和迅速死亡为特征。一般在出生后3天左右发病，但个别仔猪也可能在出生后12小时内发病，在同窝仔猪中的发病率往往达80%以上，病死率较高。新猪场发病比老猪场严重。猪场卫生条件差、新生仔猪初乳吃的不够或母猪乳汁不足、产房温度偏低、仔猪受凉等各种不良因素，都会加剧本病的发生。

● 临床症状

临床表现最初为突然拉稀，排出稀薄如水样粪便，黄色至灰黄色，有腥臭味，数分钟即拉1次水样粪便。病猪严重脱水，体重迅速下降，可达30%～40%，精神沉郁，最后昏迷死亡。有时窝中几头发病后，常传染至整窝猪全部发病。

● 剖检病理变化

尸体剖检无特征性的病理变化，比较突出的病变是肠道的急性卡他性炎症，其中以十二指肠最为严重，表现为肠黏膜充血、出血，肠壁菲薄；胃内有酸臭的凝乳块，胃黏膜潮红，有的出血；肠系膜淋巴结充血肿大。严重者还可见到败血症的病变。

诊　断

一般根据发病特点和临床症状可作出初步诊断,确诊应进行实验室病原分离鉴定。单克隆抗体检测试剂盒已应用于感染仔猪的粪便或小肠内容物中的致病性大肠杆菌的直接、快速鉴别诊断。探针和聚合酶链式反应(PCR)技术可用于大肠杆菌菌毛黏附素和肠毒素的编码基因的检测。

鉴别诊断应注意与猪传染性胃肠炎、猪流行性腹泻、猪轮状病毒感染、仔猪白痢、仔猪红痢及球虫病等区别。

主要防治方法

预防:加强饲养管理,注意提高产房的温度,严防受凉。要让仔猪吃足初乳,并做好卫生和消毒工作,保持猪舍环境的清洁、干燥。目前我国已研制成功预防仔猪大肠杆菌腹泻的 K_{88}~LTB 基因工程活菌苗(简称 MM 活菌苗),有 K_{88}、K_{99}、987P、F41 的单价或多价灭活菌苗,在母猪产前 4~6 周免疫,可使新生仔猪通过哺乳获得保护。

治疗:由于仔猪发病日龄小,病程急,药物治疗效果不理想,所以一旦出现腹泻,应马上对整窝猪进行药物预防治疗,以减少损失。由于本菌易产生耐药性,故应先做药敏试验,选最敏感的药物治疗。常用药物及使用方法如下:

磺胺嘧啶 0.2~0.8 克、三甲氧苄啶 40~160 毫克、药用炭 0.5 克,混匀,分 2 次喂服,每天 2 次,至愈。也可用庆大霉素、环丙沙星、硫酸新霉素治疗。还可用黄连 5 克、黄柏 20 克、黄芩 20 克、金银花 20 克、诃子 20 克、乌梅 20 克、草豆蔻 20 克、泽泻 15 克、茯苓 15 克、神曲 10 克、山楂 10 克、甘草 5 克,研末,分 2 次喂母猪,早晚各 1 次,连用 2 剂。

(2)仔猪白痢

发病(流行)特点

主要发生于 2~3 周龄仔猪,7 日龄以内或 30 日龄以上者发病较少。有时不采取治疗措施也可自愈。饲养管理不善、卫生条件差以及仔猪受凉等各种不良因素都能诱发本病。

临床症状

病猪体温一般不升高,精神尚好,有食欲。病猪主要发生下痢,粪便为白色、灰白色或黄白色,粥样,有腥臭味,有时粪中混有气泡。如治疗不及时,下痢可逐渐加剧,仔猪精神委顿,食欲废绝,消瘦,走路不稳,寒战。

剖检病理变化

尸体剖检可见胃内有凝乳块,胃黏膜潮红,上附有黏液,有的出血。肠黏膜充血潮红,肠内容物有酸臭味,有的肠管空虚或充满气体,肠壁菲薄而透明,严重的肠黏膜有出血点。肠系膜淋巴结充血、肿大等。

诊 断

根据发病特征,可作出诊断。诊断时,应注意与猪传染性胃肠炎、猪流行性腹泻、猪轮状病毒感染及球虫病等区别。

主要防治方法

治疗要及时,只有在早期治疗和改善饲养管理的前提下才能获得良好的效果。有的病程延长到2~3周以上,恢复的仔猪生长发育缓慢。治疗药物同仔猪黄痢,但最好以药敏试验为依据,选择最敏感的药物进行治疗。要加强仔猪的饲养管理,不要让仔猪受凉感冒。

(3)猪水肿病

发病(流行)特点

本病呈地方性流行,常限于某些猪群,不广泛传播。发病率为5%~30%,病死率达90%以上。主要发生于断奶后1~2周的仔猪,突然发病,病程短,致死率高。发病猪多为饲养良好和体格健壮的仔猪。

临床症状

主要症状是发病突然,体温不高,四肢运动障碍,后躯无力,摇摆和共济失调,有的病猪做圆圈运动或盲目乱叫,突然向前猛跃;各种刺激或捕捉时,触之惊叫,叫声嘶哑,倒地,四肢乱动呈游泳状,口流泡沫液体;某些部位的水肿是本病的特征性症状,常见于眼睑、结膜、齿龈,有时波及头顶部、颈部及腹部皮下。病猪大部分死亡，病程短的仅数小时，长的7天以上。

● 剖检病理变化

特征病变为水肿。切开水肿部位，可见呈凉粉样，可有多量液体流出。内脏水肿多见于胃大弯和贲门部位的胃壁、肠系膜，全身淋巴结几乎都水肿，有些病猪直肠周围存在一层胶冻样水肿，有的大脑也水肿。胃底有弥漫性出血，肠黏膜红肿甚至出血。有的病例没有水肿变化，但内脏有出血，以出血性结肠炎最为常见。

● 诊　断

根据流行特点、临床症状及病理剖检变化，可对该病作出诊断。

● 主要防治方法

本病治疗效果不好，重在预防。应加强断奶前后仔猪的饲养管理，提早补料，训练采食，使其断奶后能适应独立生活。断奶不要太突然，也不要突然改变饲料和饲养方法；饲料喂量应逐渐增加，防止饲料单一或过于浓厚，增加富含维生素的饲料；保持猪舍的清洁卫生，坚持每天消毒。用0.1%高锰酸钾水，初生仔猪在吃乳前给服2～3毫升，每间隔5天给服1次，有一定的预防效果。

对本病主要是采取综合、对症疗法。利用分离的病原菌制备高免血清，给仔猪口服或注射，可用于紧急治疗。对发病仔猪，可在饲料中加入盐类泻剂连用2天，然后用卡那霉素、硫酸新霉素或硫酸链霉素肌注，每天2次，连续注射2～3天。病初采用亚硒酸钠、维生素E及对症治疗，有一定的效果。

3. 副猪嗜血杆菌病（猪多发性纤维素性浆膜炎和关节炎）

副猪嗜血杆菌病，也称格拉泽氏病，是由副猪嗜血杆菌引起的猪传染病，以多发性浆膜炎、关节炎、纤维素性胸腹膜炎和脑膜炎等为特征。目前，副猪嗜血杆菌病已经在全球范围影响着养猪业的发展。副猪嗜血杆菌对外界抵抗力不强，干燥环境中易死亡，60℃可存活5～20分钟，4℃可存活7～10天，常用消毒药可将其杀死。

发病（流行）特点

副猪嗜血杆菌只感染猪，可以影响从 2 周龄到 4 月龄的青年猪，主要在断奶前后和保育阶段发病，通常见于 5～8 周龄的猪，发病率一般在 10%～15%，严重时病死率可达 50%。急性病例往往首先发生于膘情良好的猪。

副猪嗜血杆菌在环境中普遍存在，健康的猪群当中也能发现。本病通过呼吸道感染。当猪群中存在猪蓝耳病、猪流感、猪圆环病毒 2 型感染或地方性肺炎的情况下，本病更容易发生。环境卫生不良、断奶、转群、混群或运输等也是常见的诱因。

临床症状

病猪发热（40.5～42.0℃），精神沉郁，食欲下降，呼吸困难，腹式呼吸，皮肤发红或苍白，体表常有大小不一的淤血斑。病情严重的病猪，四肢末端、耳朵和胸腹的皮肤呈紫色。病猪眼睑皮下水肿，行走缓慢或不愿站立，腕关节、跗关节肿大，共济失调。有时会无明显症状突然死亡。慢性病例多见于保育猪，主要是食欲下降、咳嗽、呼吸困难、被毛粗乱、四肢无力或跛行，生长不良，直至衰竭而死亡。

剖检病理变化

特征性病变主要在单个或多个浆膜面，包括胸膜、腹膜、心包膜、关节滑膜，甚至在脑膜出现浆液性、化脓性纤维蛋白渗出物，在胸膜、腹膜、心包膜等上形成一层灰白色绒毛状的纤维素，或呈蛋皮样或条索状的伪膜，并常造成内脏器官之间或与胸腹壁发生粘连。病程早期，胸腹腔或心包内有大量积液，可内含条状、絮状或片状样纤维素，并可引起粘连。关节周围组织发炎和水肿，关节囊肿大、关节液增多、浑浊，内含呈黄绿色的纤维素性化脓性渗出物。脑软膜充血、淤血和轻度出血，脑回变得扁平。腹股沟淋巴结、颌下淋巴结肿大、出血严重。

诊断

本病可根据病史、临床症状和特征性病变作出初步诊断，确诊需采集治疗前病猪的浆膜表面渗出物或血液接种于培养基，在实验室进行副猪嗜血杆菌的分离，或用病料涂片进行特殊染色后做细菌学检查。另外，可采集血清进行血清学检查,如间接血球凝集、琼脂扩散、对流免疫电泳、荧光抗体、ELISA 和补体结合反应等试验,也是确诊本病的常用方法。

本病在鉴别诊断上应注意与猪传染性胸膜肺炎、猪丹毒、链球菌病等相区别。猪传染性胸膜肺炎主要病变为纤维蛋白性胸膜炎和心包炎,病变局限于胸腔。慢性猪丹毒除发生多发性关节炎之外,往往同时出现特征性的疣性心内膜炎和皮肤大块坏死,且通常没有胸膜炎、腹膜炎和脑膜炎变化。败血型链球菌病除可见纤维素性胸膜炎、心包炎和化脓性脑脊髓膜炎外,还可见到脾脏显著肿大,并常伴有纤维素性脾被膜炎,用病变组织进行涂片检查或分离培养可发现链球菌。

● 主要防治方法

疫苗免疫是预防副猪嗜血杆菌病的有效办法,疫苗可以选用自家苗或商品疫苗。但副猪嗜血杆菌病血清型较多,这也使得疫苗的使用受到制约。目前,国内已有商品疫苗供应。

消除诱因,加强饲养管理与环境消毒,减少各种应激,实行"分段隔离和全进全出饲养",注意保温和温差的变化。在猪群断奶、转群、混群或运输前后,可在饮水中加一些抗应激的药物如维生素 C 等,同时在饲料中添加保健药物进行预防。

病猪治疗,可以使用抗生素联合用药,如采用阿莫西林、四环素、庆大霉素进行肌肉注射,并配合地塞米松增强效果。另外,可用氟苯尼考或替米考星配合阿莫西林拌料或饮水给药,配合水杨酸钾、牛磺酸等,效果更好。

4. 猪传染性胸膜肺炎

猪传染性胸膜肺炎是由胸膜肺炎放线杆菌(APP)引起的一种接触性传染病,是猪的一种重要呼吸道疾病,呈世界性流行,是规模化猪场最常见的传染病之一。临床上以出现肺炎或胸膜肺炎的典型症状和病理变化为特征。本病不仅可直接引起猪的死亡,如果发展为慢性或潜伏于猪群内,可导致猪群生长缓慢,造成严重的经济损失。本病菌对外界的抵抗力不强,在干燥的环境中易于死亡,一般60℃在5~20分钟内死亡,4℃以下通常存活7~10天,对常用的消毒剂敏感。

发病（流行）特点

各种年龄的猪对本病均易感，但由于初乳中母源抗体的存在，本病最常发生于育成猪和成年猪（出栏猪）。急性期病死率很高。其发病率和死亡率与毒力及环境因素有关，还与其他疾病的存在有关，如伪狂犬病、猪蓝耳病等。另外，转群频繁的大猪群比单独饲养的小猪群更易发病。

本病主要通过空气、猪与猪之间的接触、被排泄物污染的工具或人员传播。猪群的转移或混养、拥挤和恶劣的气候条件（如气温突然改变、潮湿以及通风不畅）等不良因素均会加速该病的传播和增加发病的危险。

临床症状

临床症状与动物的年龄、免疫状态、环境因素及对病原的感染程度有关，一般分为最急性、急性、亚急性和慢性。同一猪群内可能出现不同程度的病猪。

最急性：突然发病，个别病猪未出现任何临床症状就突然死亡。病程稍长的病猪，体温达到41.5℃，持续不退，倦怠、厌食，并可能出现短期腹泻或呕吐；早期无明显的呼吸道症状，后期则出现鼻、耳、眼及后躯皮肤发绀，晚期出现严重的呼吸困难和体温下降，呈犬坐式张口呼吸，临死前血性泡沫从嘴、鼻孔流出。病猪于临床症状出现后24~36小时内死亡。

急性：病猪体温可上升到40.5~41℃，皮肤发红，精神沉郁，不愿站立，厌食，不爱饮水。严重的呼吸困难，咳嗽，有时张口呼吸，呈犬坐姿势，极度痛苦。上述症状在发病初的24小时内表现明显。发病后期，病猪的鼻、耳、眼及后躯皮肤出现发绀，呈紫斑。如果不及时治疗，则在1~2天内因窒息死亡。

亚急性和慢性：多在急性期后出现，病程约15~20天。病猪轻度发热或不发热，有不同程度的自发性或间歇性咳嗽，食欲减退，消瘦。病猪不爱活动，驱赶猪群时常常掉队，仅在喂食时勉强爬起。慢性期的猪群症状表现不明显，若无其他疾病并发或继发，一般能自行恢复。

剖检病理变化

主要病变存在于肺和呼吸道内，肺呈紫红色，肺炎多是双侧性的，并多在肺的心叶、尖叶和膈叶出现病灶，其与正常组织界线分明。最急性死

三 常见生猪疫病和群发病的诊断与防治

亡的病猪可见气管、支气管中充满泡沫状、血性黏液及纤维素渗出物。急性病例可见肺炎区有纤维素性物质附于表面，肺出血、间质增宽，气管、支气管中充满泡沫状、血性黏液及纤维素渗出物，喉头充满血性液体，肺门淋巴结显著肿大。随着病程的发展，出现大叶性肺炎，胸腔积液，可内含纤维素，并可使肺和胸膜粘连。常伴发心包炎，心包积液，可内含纤维素，并可使心包粘连。肝、脾肿大，色变暗。病程较长的慢性病例，病肺上可见大小不等的结节，结节周围包裹有较厚的结缔组织，其上面有纤维素附着而与胸壁或心包粘连，有的结节内为脓样或干酪样物。

● 诊 断

根据本病主要发生于育成猪和架子猪上，以及天气变化等诱因的存在、比较特征性的临床症状及病理变化特点，可作出初步诊断。确诊要采集病变部位病料接种于培养基，在实验室进行细菌分离鉴定。另外，还可采取血清进行血清学检验诊断。

在病的最急性期和急性期，应与副猪嗜血杆菌病、猪瘟、猪丹毒、猪肺疫及猪链球菌病作鉴别诊断。慢性病例应与猪喘气病区别。

● 主要防治方法

虽然报道许多抗生素对防治本病有效，但由于细菌的耐药性，本病临床治疗效果不明显，因此平时还是应做好预防工作。重点是改善饲养环境，注意通风换气，保持空气新鲜；注意合理的饲养密度，并常年坚持全进全出饲养和定期消毒；发病猪与健康猪应严格隔离。常发猪场可注射疫苗，但由于本菌有许多血清型，免疫的效果可能会不理想，有条件的可用自家灭活菌苗。

病猪治疗可用氟甲砜霉素肌肉注射或胸腔注射，连用3天以上；饲料中添加支原净、多西环素、氟甲砜霉素或北里霉素，连续用药5~7天，有较好的疗效。抗生素治疗尽管在临床上取得了一定疗效，但并不能在猪群中消灭感染。

5. 猪支原体肺炎（猪气喘病）

猪支原体肺炎又名气喘病、猪地方流行性肺炎、猪霉形体肺炎等，是由猪肺炎支原体引起的一种慢性呼吸道传染病，临床上以咳嗽、气喘为特征。本病分布于世界各地。该病病原对外界抵抗力不强，日光、干燥和常用消毒药均能使其灭活。

● 发病（流行）特点

本病一年四季均可发生，可常年不断。在饲养管理水平低、营养差、寒冷多雨、潮湿、通风不良、饲养密度高等情况下，发病率、死亡率会显著提高。

不论仔猪、大猪均可感染发病，感染发病率在50%以上。一个洁净的猪场，一旦传入本病，往往呈暴发性流行。而一个已受污染的猪场，许多猪为隐性感染，特别是成年的公、母猪，多数无临床症状或症状轻微，临床病猪呈逐渐性、分散性出现。本病发病率的高低与饲养管理特别是营养状况有密切的关系，营养状况好的猪多数不出现临床症状。一般情况下，病猪死亡率较低，但对病猪生长发育影响严重，饲料报酬显著降低。一个感染了本病的猪群，通常架子猪的发病率高于其他猪。

本病传入场内的主要途径是引进猪只时带入了病原。场内传播的途径，除了猪与猪直接接触外，还可通过污染的工具、近距离内的污染空气传播。临床康复猪能长期甚至是终身带有病原并不断排出体外污染环境或感染其他猪。

● 临床症状

病猪多为慢性经过，症状表现为慢性干咳、气喘，可持续数周，甚至数月，咳嗽常于清晨、晚间、运动后或进食后加剧。严重的病猪呼吸困难，呈犬坐状腹式呼吸，食欲、精神不佳。整个猪群中，通常架子猪、育肥猪咳嗽严重。病猪生长明显受阻，甚至成为僵猪。病猪易继发链球菌病、巴氏杆菌病等，致使死亡率提高。

● 剖检病理变化

剖检病、死猪，主要特征性变化在肺的心叶、尖叶的腹侧及中间叶和膈叶的前部分出现大小不等、分散或连片的肉样病变区。这些肉变区稍凹于肺表面，呈暗红色，似鱼肉或虾肉样，界线清楚。如继发链球菌或巴氏杆菌病，则肺部有继发病的病变。

三 常见生猪疫病和群发病的诊断与防治

● 诊 断

本病根据流行特点、临床症状和剖检变化可作出诊断。

● 主要防治方法

预防本病传入的重要措施是从无气喘病的猪场引种，引进后隔离观察，进入饲养生产区后也应在单独栏舍内饲养，不能与本场猪混群饲养；引进的公猪应人工采精，不该本交，并固定工具和专人饲养，发现有经常咳嗽者应及时淘汰。一旦猪群出现本病的侵染，可采取下列措施治疗：

(1) 给10日龄左右的仔猪接种气喘病疫苗，可明显降低发病率。

(2) 对咳嗽猪及时隔离、治疗（如一群猪中发病者较多时，可整群就地隔离），可用土霉素油剂（25克土霉素碱加入100毫升的精制花生油或菜油中混匀）深部肌肉注射，剂量为每40毫克土霉素/千克体重，每3天1次，5次为一疗程，重病猪可进行2～3个疗程；或肌注每千克体重卡那霉素3万单位，每天1次，连续5次或更长；也可用上述两种药物交替使用，效果更好；还可选用其他抗菌药物治疗，如金霉素添加入饲料中较长期喂饲治疗。

(3) 整群猪用土霉素添加在饲料中（每吨饲料含土霉素500克）饲喂1～2周，进行防治。

对于种猪场，必须采取净化措施，逐步淘汰所有病猪和健康带毒猪，建立疫苗免疫条件下的无气喘病健康群。在采取上述措施的同时，净化工作先从育种群开始。首先腾出一幢或一个相对隔离的猪舍栏区，经过彻底冲洗后，进行数次彻底的消毒，作为假定健康猪的饲养舍。接着从接种过气喘病疫苗的留种断奶仔猪群内挑选出一批没有发生过咳嗽气喘的猪，送X光透视室进行肺部透视，将肺部未发现阴影的猪进行体表消毒后，立即送入假定健康猪饲养舍，派专人饲养，并要固定使用工具，栏舍应经常消毒。饲养过程中仍继续观察，一旦发现咳嗽猪，立即剔除，直到配种分娩。当假定健康猪生下仔猪后，在仔猪10日龄时立即接种气喘病疫苗。断奶后开始第二次净化，即从上述假定健康猪生下的断奶仔猪群中选取无咳喘猪，重复上述净化过程。必要时可再净化1～2次，直至后代猪群内未再有咳喘病猪出现为止。然后，用育种群培育出来的健康公、母猪逐步代替被淘汰的生产公、母猪群，从而使整个猪场达到净化气喘病的目的。这个过程虽然时间较长，但比较经济，不影响生产，不会造成较大的损失。

另一种净化技术是采用无菌接产、寄养初生仔猪的方法，但此法成本大，工作较复杂。

6.巴氏杆菌病（猪肺疫）

巴氏杆菌病又名猪出血性败血症（简称出败），俗称"锁喉病"，是由多杀性巴氏杆菌引起的以肺部病变为特征的急性传染病。本病病原抵抗力不强，易被常用消毒药、阳光和高热杀死。

发病（流行）特点

巴氏杆菌是猪肺疫、禽霍乱的共同病原，人也可感染发病，猪、禽间可相互交叉感染。本病菌在许多健康动物的呼吸道中常存在，一旦动物机体抵抗力下降，则不但自身发病，而且细菌在呼吸道内繁殖并排出体外，从而感染其他动物。猪肺疫常是猪流行性感冒、猪萎缩性鼻炎、猪气喘病继发感染的结果。发病后，如不及时治疗，病死率很高。寒冷、闷热、潮湿、气候突变、拥挤、长途运输等不良因素，是引起该病发生的诱因。

临床症状

超急性的病猪迅速死亡。病程稍长者，皮肤潮红，体温升高到41℃以上，数日不退，咽喉部发热、红肿、坚硬，严重者整个颈部都红肿，耳根、腹侧及下腹部等处皮肤发绀，精神沉郁，食欲废绝；病猪呼吸极度困难，常两前肢分开呆立，张口呼吸，或呈犬坐姿势张口呼吸；口、鼻流出白色泡沫状液体，有时混有血水样液体；多数死亡。急性病猪常见体温升高，呼吸困难，颈部红肿，鼻流黏性和脓性分泌物，咳嗽，症状较前者缓和。慢性病猪表现为持续性咳嗽，呼吸困难，进行性消瘦。

剖检病理变化

病猪咽喉部、颈部皮下有大量胶冻样淡黄色水肿液，全身淋巴结肿大，肺充血水肿，心内外膜出血，心包积液。急性病猪表现为典型的大叶性肺炎，肺肿大，肺表面呈现红、灰色相间的斑纹，伴有水肿或气肿；有胸膜炎病变，胸腔积液，可有纤维素黏附并常与胸膜粘连；切开肺部，可见气管、支气管内充满泡沫状液体，并可有出血。此外，常见全身黏膜、浆膜

三 常见生猪疫病和群发病的诊断与防治

皮下组织、淋巴结等出血。慢性病例可见肺炎病变陈旧，有的肺组织内有坏死或干酪样物，外有结缔组织包围，胸膜发生粘连，支气管淋巴结、纵隔淋巴结和肠系膜淋巴结有干酪样坏死。

● 诊　断

本病根据临床症状、剖检病变可作出初步诊断。病情不明显时，应采取心血、肝、脾等样品涂片染色后在显微镜下检查巴氏杆菌，或取上述病料到实验室进行培养，分离巴氏杆菌而作出诊断。本病须与副猪嗜血杆菌胸膜肺炎、猪传染性胸膜肺炎、急性链球菌病、气喘病等相鉴别。

● 主要防治方法

在本病防治上应注意以下几点：①要加强饲养管理。如猪舍要通风良好、温暖干燥，病死禽不可用于喂猪等。②定期接种疫苗。对一个用其他方法不能控制本病发生的猪场，应定期接种疫苗。③发现病猪后应及时隔离治疗，可选用青霉素、庆大霉素、链霉素、土霉素等，严重病例应联合用药，剂量要充足。最好通过实验室分离细菌做药敏试验，选择敏感药物。场地、工具等要彻底消毒。

7. 沙门氏菌病（仔猪副伤寒）

猪沙门氏菌病是一种由沙门氏菌引起的多种动物和人感染发病的人畜共患病，以急性者表现败血症、慢性者表现坏死性肠炎为特征。病原沙门氏菌是一群肠道致病菌，对热、各种消毒药和环境抵抗力较强，在水中能存活2～3周，在粪便中能存活1～2个月，在冻土中可越冬，在潮湿环境中能存活4～5周，在干燥地方能存活8～20周，但2%烧碱能有效杀死该菌。

● 发病（流行）特点

本病一年四季均可发生，且多雨潮湿季节更易发。

猪沙门氏菌病常发生在6月龄以下的猪，主要是1～4月龄，常呈散发性，有时呈地方性流行。发病率差别较大，但多在10%以下，致死率很高。仔猪饲养管理不当，环境污秽、潮湿、拥挤等应激因素是主要诱因。病猪和带菌猪是主要传染源，主要通过消化道感染。

临床症状

急性发病者，多见于断奶前后仔猪突然发病死亡。病程稍长的，表现为体温突然升高达41~42℃，病猪精神沉郁，不食，呼吸困难，耳、胸前和腹下及四肢末端皮肤有紫红色斑点，后出现腹泻，粪便呈水样、黄绿色，过1~4天死亡。

亚急性和慢性病例较多见，病猪体温升高至40.5~41.5℃，精神差，寒战、堆聚，食欲差，眼有黏性或脓性分泌物，初便秘，后下痢，粪便呈水样淡黄色或灰绿色、恶臭，腹泻时停时发，病猪消瘦、被毛粗乱、弓背露骨，病程可达数周，终至死亡或成僵猪。

剖检病理变化

急性者病理变化主要表现为败血症。脾常肿大，颜色较暗带蓝，硬实如橡皮，切面蓝红色，脾髓质不软化。淋巴结出血肿大，切面呈大理石样观。肝有轻微肿大，有时可见细小的灰色坏死点。胃肠等黏膜充血，上附黏液并有出血斑点。肾脏出血，膀胱黏膜可能有出血点。有的病例发生心包炎，并可出现心包积液和纤维素渗出。

亚急性和慢性者尸体消瘦，特征性病变是盲肠、结肠段坏死性肠炎，肠壁增厚，黏膜上覆盖着一层灰黄色弥漫性腐乳状或糠麸样坏死物质，称"糠麸样"溃疡，剥开见底部红色、边缘不规则的溃疡面。肠系膜淋巴结索状肿胀，切面呈灰色髓样变化，有的发生干酪样坏死。

诊 断

根据流行特点、临床症状和病变可作出初步诊断。确诊应采集心血、肝、脾等病料接种于培养基进行实验室细菌分离鉴定。本病在临床上的许多表现与猪瘟、猪蓝耳病、猪链球菌病、弓形虫病、猪增生性肠病等相似，诊断时须注意鉴别。

主要防治方法

本病发生后治疗效果差，故重在预防。应加强环境卫生和饲养管理工作，同时在流行地区可用相应疫苗进行免疫预防。1月龄以上哺乳或断奶仔猪接种仔猪副伤寒菌苗，可有效控制该病的发生。

三 常见生猪疫病和群发病的诊断与防治

猪群发病后，为防止病菌在猪群中的传播和再发，应对所有的易感猪群进行药物预防治疗。可将药物添加在饲料中，连用5~7天。预防和治疗的药物最好选用猪群以前没用过的抗生素，以避免产生耐药性。常用药物有庆大霉素、诺氟沙星、环丙沙星、恩诺沙星、磺胺嘧啶等。本病菌对大多数抗生素均具有抗药性，故用药前最好进行药敏试验，选择敏感药物。

8. 猪丹毒

猪丹毒是由猪丹毒杆菌引起的一种人畜共患传染病。本病原菌广泛分布于自然界，对外界环境的抵抗力很强，在阴暗环境中可存活数月，在湖、河水中不仅存活10~20天而且能繁殖，猪死后深埋231天时尸体内尚有该菌成活，但常用消毒药能很快杀死猪丹毒杆菌。

● 发病（流行）特点

本病发生、流行具有明显的季节性，在南方常发生在潮湿闷热的4~6月份，其他月份少发。

病猪多见于青年猪。本病常为散发性或地方性流行，有时也发生暴发性流行，急性病猪病死率可达80%。营养不良、寒冷、酷热、疲劳等环境和应激因素也影响猪的易感性。病猪和带菌猪是主要的传染源，主要通过消化道和创口感染。

● 临床症状

临床表现可分为最急性型、急性败血型、亚急性疹块型和慢性型。

最急性型：患猪可在没有见到临床症状的情况下突然死亡，一般出现在疫病暴发初期。

急性败血型：此型最为常见，多突然暴发、急性经过。病猪体温达到42~43℃，稽留不退；病猪不愿走动，强行驱赶时步态僵硬或跛行，有时呕吐；眼结膜充血；粪便干硬呈板栗状，附有黏液，后期有的发生下痢。严重者呼吸增快，黏膜发绀。部分病猪皮肤发生潮红，继而发紫，以耳、颈、背等部较为多见。病程3~4天，病死率80%左右。

亚急性疹块型和慢性型：常由急性型转变而来，其特征是皮肤表面出现疹块，通常在胸、腹、背、肩、四肢等部位，呈方块形、菱形或圆形，稍突起于皮肤表面，大小约一至数厘米，数量不等。初期疹块充血，指压退色；后期淤血，紫蓝色，压之不退。伴随疹块出现，体温下降，疹块退色下陷，形成干痂后脱落自愈。有的病猪，疹块表面形成浆液浸润疱疹，干涸后结痂，经久不掉。慢性型常有关节炎表现，跛行。

● 剖检病理变化

剖检可见全身淋巴结发红肿大，切面多汁、髓样肿大，呈浆液性出血性炎症。肝充血。心脏内外膜小点状出血，心包积液。肺充血、水肿。脾呈樱桃红色，充血、肿大，有"白髓周围红晕"现象。消化道有卡他性或出血性炎症，胃底及幽门部尤其严重，黏膜发生弥漫性出血。十二指肠及空肠前部发生出血性炎症。肾常发生急性出血性肾小球肾炎的变化，体积增大，呈弥漫性暗红色，有的并出现坏死灶，纵切面皮质部有小红点。慢性病猪可见心内膜左心二尖瓣处有菜花样疣状物；切开肿胀关节，可见内含大量浆液血样滑液，稍浑浊。

● 诊 断

根据本病流行特点、临床症状、病变等，一般可作出初步诊断。采取心血、肝、脾等病料进行实验室细菌检验是诊断猪丹毒可靠的方法，可用于病猪死后诊断。

慢性型关节炎的病猪，其临床表现与慢性猪链球菌病、副猪嗜血杆菌病、布鲁氏菌病、关节炎型衣原体病、乙型脑炎等相似，诊断时应加以鉴别。

● 主要防治方法

在猪丹毒常发区和集约化猪场，每年春秋或夏冬两季定期进行预防注射，是防治本病最有效的方法。同时，要加强饲养管理，保持用具、场圈的清洁卫生，定期用消毒剂（10%石灰乳等）消毒。

用青霉素肌肉注射治疗本病疗效非常好，到目前为止还未发现对青霉素有抗药性。土霉素和四环素对本病也有效。

9. 猪附红细胞体病

附红细胞体病是猪、牛、羊、马等多种动物共患的，是由附红细胞体引起的一种热性、溶血性传染病。病猪以急性黄疸性贫血和发热为特征，又称"猪红皮病"。本病在世界各地均有发生，对养猪业造成的危害较为严重。附红细胞体对干燥和化学药品的抵抗力很低，但耐低温，在5℃时可存活15天，在冰冻的血液中可存活31天，一般消毒剂均能杀死该病原。

● 发病（流行）特点

本病无明显的季节性，一年四季都可以发生，但以夏、秋季节多发。

近年来，猪附红细胞体病有趋向严重的态势。猪附红细胞体病可发生于各年龄的猪，但以仔猪和长势好的架子猪死亡率较高。患病猪及隐性感染猪是重要的传染源。本病可以通过疥螨、虱子、吸血昆虫（如刺蝇、蚊子、蜱等）以及污染的注射针头、手术器械、用具等传播。应激是导致本病暴发的主要因素，分娩、过度拥挤、长途运输、恶劣天气、饲养管理不良、更换圈舍或饲料及其他疾病感染时，猪群亦可能暴发此病。

● 临床症状

病猪表现为精神沉郁，体温升高，皮肤发红，耳背青紫色，被毛无光泽，毛孔有铁锈样出血，腹泻，排浅红色尿，眼结膜出现不同程度的苍白黄染，病畜消瘦。急性型病例较少见，病程1～3天，主要表现为高热，急性死亡。亚急性型病猪体温升高，达39.5～42℃。患猪病初精神委顿，食欲减退，不愿站立，离群卧地；出现便秘或拉稀，有时便秘和拉稀交替出现；病猪皮肤红紫，成为"红皮猪"；有的病猪两后肢发生麻痹，不能站立，卧地不起；部分病猪可见耳郭、尾、四肢末端坏死；有的病猪流涎，呼吸加快，咳嗽，眼结膜发炎；病程3～7天，或死亡，或转为慢性经过。慢性型病猪体温在39.5℃左右，主要表现为贫血和黄疸，尿呈黄色；大便干如栗状，表面带有黑褐色或鲜红色的血液；生长缓慢，消瘦，出栏延迟，怀孕母猪可出现流产和死胎现象。

● 剖检病理变化

主要病理变化为贫血及黄疸。表现为血液稀薄、色淡、不易凝固。全身性黄疸，全身脂肪和脏器显著黄染。皮下组织水肿，多数有胸水和腹水。心包积水，心外膜有出血点，心肌松弛，色熟肉样，质地脆弱。肝脏肿大呈黄棕色，表面有黄色条纹状或灰白色坏死灶。胆囊膨胀，内部充满浓稠明胶样胆汁。脾脏肿大变软，呈暗黑色，有的有针头大至米粒大灰白（黄）色坏死结节。肾脏肿大，有微细出血点或黄色斑点。膀胱黏膜有少量出血点。有时淋巴结水肿。

● 诊　断

依据流行特点、临床症状、剖检变化等可作出初步诊断。确诊必须结合实验室检查，分析血液学指标变化。

鲜血压片镜检：从耳静脉取病猪血液1滴于载玻片上，加等量生理盐水混合，加盖玻片，在显微镜下观察。若发现猪的红细胞变形，看到在血浆中抖动、转动的原点状病原体，或见变形的血细胞及呈淡绿色荧光的附红细胞体，为阳性。

血片染色镜检：取病猪血液于载玻片上推片，以姬姆萨染色镜检，可见红细胞边缘不整齐，呈菜花状、星状，红细胞表面有许多圆形、椭圆形紫红病原体。轻轻旋动显微镜微调，可见附红体折光性很强，像一轮轮淡蓝色宝石（红细胞）嵌着一颗颗闪闪发光的珍珠（附红细胞体）一样。以瑞氏染色，可见病原体呈紫蓝色，个别为黄色。革兰氏染色呈阴性。

诊断时主要与猪瘟和猪蓝耳病、钩端螺旋体病等进行鉴别。

● 主要防治方法

加强饲养管理，保持猪舍、饲养用具卫生，减少不良应激等是预防本病发生的关键。夏秋季节要采取防止昆虫叮咬猪群的措施，切断传染途径。本病流行季节应给予预防用药，可在饲料中添加土霉素600克／吨，连续使用2周。

治疗猪附红细胞体病的药物有多种，以下是几种常用的药物：

（1）血虫净（三氮脒、贝尼尔）：每千克体重用5～10毫克，用生理盐水稀释成5%的溶液，分点肌肉注射，一天1次，连用3天。

（2）四环素、土霉素（每千克体重10毫克）和金霉素（每千克体重15毫克）口服或肌注，连用7～14天。

（3）新砷凡纳明：按每千克体重10～15毫克静脉注射，一般3天后症状可消失。

10. 猪传染性萎缩性鼻炎

猪传染性萎缩性鼻炎（AR）是由支气管败血波氏杆菌引起的以损害鼻甲骨为特征的传染病。该病病原菌对外界环境抵抗力不强，能被一般消毒药杀死。

发病（流行）特点

本病传播速度较慢，常呈散发。任何年龄的猪都可感染，仔猪易感性最大。初生仔猪感染本病菌发生鼻炎以后，多能引起鼻甲骨萎缩；断奶后再感染的猪，一般鼻甲骨无损害或有轻度损害；较大的猪感染后发病较少，但成为带菌猪。洁净猪场发生本病，主要是因引进了带有病菌的猪而引起的。本病在猪群中的传播以飞沫传播方式为主。

饲养管理不良、潮湿、拥挤、营养水平差等不良因素可促使本病多发。

临床症状

仔猪或架子猪感染本病后，首先发生打喷嚏、吸气困难和发鼾声，喷嚏呈连续或断续性，在饲喂或运动时更为明显。部分病猪由于强力喷嚏损伤了鼻黏膜浅表血管而发生不同程度的鼻出血。由于鼻黏膜受刺激，病猪常出现摇头、拱地、摩擦鼻部等鼻炎症状。发病症状最早见于1周龄仔猪，6～8周龄时最显著。在发生鼻炎症状的同时，患猪眼角流泪，常见眼眶下的皮肤上形成半月形的湿润区，黏附尘土后变成黑色斑块，称为眼斑。

幼龄时感染而发病的猪，经2～3个月后，因鼻甲骨受损，出现面部变形或歪斜，或鼻短呈向上翘起，下颌伸长，上、下门齿错开，不能正常咬合。当鼻腔一侧损害严重时，鼻腔扭歪至损害较重的一侧，严重的甚至扭歪成45°角。此外，病猪常有肺炎发生，其原因可能是由于鼻甲骨损坏，异物和继发性细菌易于侵入肺部致病。病猪生长受到严重影响。

剖检病理变化

病变一般局限于鼻腔及邻接组织。最具特征的病变是鼻腔的软骨、鼻甲骨的软化和萎缩，甚至消失，形成空洞；鼻中隔发生弯曲；鼻黏膜常附有黏液性或干酪样渗出物。

● 诊 断

对于典型性病例，可根据临床症状、病变等作出正确诊断。为了观察病变，应把病猪宰杀几头，然后用钢锯沿上颌第一、第二对臼齿之间的连线与下颌垂直方向，将上颌锯成横断面，观察鼻腔内部及鼻甲骨的形状和变化。

在本病的早期、典型症状尚未出现之前，需要采集鼻腔拭子等样品进行实验室检验确诊。

● 主要防治方法

本病虽不会导致严重死亡，但发病后患猪生长发育受阻，同时易继发肺炎而增加死亡率，而且头部外观异样，影响出栏，可造成重大损失，所以应认真做好本病的防治工作。无本病的猪场首先要把好引种关，引进猪在隔离观察期间，要采取猪血清送实验室检验，血清阳性者应淘汰；或采取人工授精和无菌接产、寄养仔猪的办法，以防止引进猪将病菌传入场内。已有本病存在的猪场，应采取综合防治技术，重点是搞好卫生消毒工作，坚持定期消毒，对1~3周龄的仔猪接种疫苗。同时，要加强饲养管理，提高猪体抗病能力，立即淘汰有症状的病猪等。

11. 猪梭菌性肠炎（仔猪红痢）

猪梭菌性肠炎是由C型产气荚膜梭菌引起的新生仔猪高度致死的肠毒血症，其特征是排红色粪便，肠黏膜坏死，病程短，死亡率高。本病病菌对热有较强的抵抗力，但消毒药能有效杀灭该菌。

● 发病（流行）特点

C型产气荚膜梭菌在自然界中分布较广，在人畜的肠道、粪便、土壤、下水道及尘埃中都能存在。当环境及母猪奶头受到本病菌污染后，仔猪出生后很快从周围环境或母猪奶头吞下本病菌而感染。本病主要发生于1~3龄的初生仔猪，1周龄以上仔猪很少发病。在同一猪群内各窝仔猪的发病率不同，最高可达100%；病死率一般为20%~70%。

本病一旦发生，常顽固地在猪场存在，很难清除。

● 临床症状

仔猪出生后几小时或1天内突然下血痢，后躯沾满血样稀粪，程度轻一点的，粪便液状、呈粉红棕色，沾满后躯；急性者常很快死亡。病程长的可维持数天，耐过者多成为僵猪。

● 剖检病理变化

剖检病、死猪，可见腹腔内有多量樱红色积液，空肠的肠壁为深红色，两端界限清晰，肠黏膜及黏膜下层有广泛性出血，肠内容物呈暗红色液状。病程稍长的病、死猪，肠壁变厚，无弹性，肠黏膜上附有灰黄色麸皮样坏死性肠膜，容易剥落。心肌苍白，心外膜有出血点。肾皮质部有小点出血等。

● 诊　断

根据本病的流行特点、临床症状和剖检特点，一般可作出临床诊断。如要进一步确诊，应将病、死猪送实验室进行细菌分离和毒素鉴定。

● 主要防治方法

加强饲养管理，对猪舍、场地、环境等进行定期清洁和消毒。特别要注意产房、用具和母猪奶头在接生时的消毒，以减少本病的发生和传播。由于本病的病程太急，药物治疗往往疗效不佳。在常发病的猪群，必要时可试用对本病菌敏感的抗菌药或磺胺药，在仔猪刚出生时进行口服或注射，每日2~3次，作紧急预防给药。

12. 猪痢疾

猪痢疾是由猪痢疾蛇型密螺旋体引起的一种肠道传染病，以黏液性、出血性下痢和大肠黏膜发生卡他性、出血性和坏死性炎症为特征。本病病原对外界抵抗力较强，在粪便中25℃以下时可存活7~61天，在高热和干燥环境中易失活，可被碱类消毒药和氧化剂迅速杀死。

● 发病（流行）特点

本病发生无明显季节性。从哺乳仔猪到成年种猪的各种年龄的猪均可发生，以7~12周龄的小猪发病较多。小猪发病率约75%左右，病死率5%~

25%。一般是从场外引进带菌猪引起的，场内传播则通过污染的地面、饮水、工具等途径。流行时，过程比较缓慢，病猪分散，持续时间长，较大的猪群可流行数月之久。

各种应激因素如饲养管理不当、气候多变、阴雨潮湿、拥挤、运输等是诱因。许多康复猪携带本病菌，且带菌时间长达数月，并不断污染环境。

● 临床症状

流行初期为急性病猪，随后逐渐出现亚急性、慢性病猪。急性病猪病初精神差，食欲减少，粪便变硬并带有黏液，以后迅速下痢，粪便呈黄色稀软或水样，病猪脱水，重病例在1~2日间粪便含有大量血液和黏液，后消瘦、衰弱，体温稍高，死前体温降至常温以下。亚急性、慢性病猪表现为下痢并带有黏液及坏死组织碎片，血液较少，病程长，消瘦，虽死亡率不高，但易成为僵猪。

● 剖检病理变化

剖检病、死猪，主要病变在大肠，小肠通常没有病变。急性者为卡他性出血性大肠炎，肠系膜淋巴结肿大，肠壁肿胀，黏膜充血、出血，肠内容物充满血液和黏液；病程长者，为坏死性大肠炎，黏膜表面有坏死灶，坏死表面附着豆腐渣样或黄色、灰色伪膜，剥去伪膜后露出浅表糜烂灶，肠内容物混有大量黏液和坏死组织碎片，血液相对减少。

● 诊　断

一般根据流行特点、临床症状和病变可作出诊断。必要时采集粪便或大肠黏膜等病料送实验室进行细菌学检验。

● 主要防治方法

引进猪种应隔离检疫，不到曾发本病的猪场去引进猪只。平时对场地、工具等进行定期消毒。对病猪及时用有效的抗菌药物治疗，如痢菌净、泰乐菌素等拌在料中饲喂，连用3天。为了及时控制本病流行，应对全群易感猪进行紧急预防给药，可在饲料中添加0.01%林可霉素或0.01%痢菌净，连喂1个月，同时每天对猪舍、工具等进行消毒。

13. 猪增生性肠病

猪增生性肠病（PPE）是由胞内劳森菌引起的，以回肠至盲肠的黏膜呈现腺瘤样增生为主要特征的一种慢性肠道疾病，又称肠腺瘤复合征。本病的特点是在肠道出现单纯的增生性变化的基础上可引发坏死性肠炎、局部性回肠炎或增生性出血性肠病等一群极为相似的病理变化过程，但外观表现又是差别很大的疾病。本病病原是一种主要生长于肠黏膜细胞中的专性胞内寄生菌，该寄生菌对外界环境抵抗力不强，碘类和季铵盐类消毒药能有效杀灭该菌。

● 发病（流行）特点

据报道，在受感染的猪场，本病的感染率可达12%~50%。本病能给养猪业造成较大损失，主要表现在饲料利用率下降、生长迟缓、母猪发情延后和部分猪发病死亡。

病猪和带菌猪是本病的传染源，粪便污染饲料、饮水经口腔传染为本病的主要传播途径。育成猪最易感染，2月龄以内和1周岁以上的猪不易发病。在疫场的猪群中，母源抗体的效价在3周龄时仍然较高，6周龄以后即无特异抵抗力。各种应激因素如并群、运输、拥挤、气温骤变以及抗生素类添加剂使用不当等，对本病的暴发和流行起着重要的作用，所以本病的发生是由多种因素（包括病原菌）所致的。

● 临床症状

很多感染猪没有明显的临床症状，常在屠宰或死亡后发现。猪肠腺瘤、坏死性肠炎和局部性回肠炎的临床病例，通常见于6~20周龄断奶后的育成猪。患肠腺瘤的多数病例症状轻微，可见生长停滞、体重下降。有的猪表现为一种特征性的厌食，即对食物似感兴趣，但拒绝进食。有的表现为轻度腹泻，排出颜色正常的稀粪，这可能是大多数慢性病例症状的特点。有些病例表现为明显呆滞和麻木。单纯的肠腺瘤一般在症状出现后4~6周可突然恢复食欲，生长速度达到正常水平。即使有严重炎症的病例，也往往能康复，只在屠宰时才能见到病变的痕迹。

然而，在育成猪群中也可见到一些较严重的病例因肠黏膜发生不同程度的炎症和坏死性变化而导致厌食、持续性腹泻和严重消瘦。形成局部性回肠炎的病例，可在肥大的回肠壁形成穿孔，导致泛发性腹膜炎，常引起死亡。增生性出血性肠病多发生于4~12月龄的育肥猪，主要表现为急性出血性贫血，常排出黑色柏油状稀粪，而有的病猪没有出现粪便异常即告死亡，仅表现为苍白，大约有半数病猪最终死亡。

● 剖检病理变化

猪肠腺瘤最常见的病变位于小肠末端50厘米处、盲肠以及结肠上1/3处，可形成不同程度的增生变化，但都可见到病变部位肠壁增厚、肠管外径变粗。常见浆膜下和肠系膜水肿。肠黏膜表面湿润但无黏液，黏膜本身陷入纵向或横向皱褶深处。常见到界线分明的斑块和形成的息肉。

坏死性肠炎是在肠腺瘤病变的基础上凝固性坏死和一些炎性渗出物形成灰黄色干酪样物，紧密地与下层组织相连，牢固地附着在肠壁上。

局部性回肠炎病变特征是肠腔缩小，下部小肠变得如同硬管。打开肠腔，可见到溃疡面，常呈条形。

增生性出血性肠炎常发生在回肠末端和结肠，表现为肠壁增厚和外周水肿，肠腔中可含有血凝块，结肠和直肠中可见黑色柏油状粪便，感染部位肠黏膜增厚。

● 诊　断

慢性病例表现为生长缓慢、体重减轻或有腹泻；急性者表现为腹泻，有时便血。病变为肠壁特别是回肠壁增厚，肠黏膜出现脑回样皱褶，或有不同程度水肿，可怀疑有本病存在。临床诊断时应注意与仔猪副伤寒等进行鉴别。确诊时，可采集粪便或病变肠道等组织病料送实验室，采用PCR方法或间接免疫荧光抗体试验进行检验。

● 主要防治方法

由于本病是由多种因素引起的，故要采取综合性预防措施。要加强饲养管理，严防外来病原传入；坚持对猪群隔离饲养，实行全进全出和早期断奶隔离方式饲养；搞好猪舍的清洁卫生及消毒工作。

对病猪进行治疗，可用硫黏霉素120毫克/千克、泰乐菌素100毫克/千克、林可霉素110毫克/千克或金霉素（或土霉素）400毫克/千克，连续用药2～3周。可将药物溶于水中或预混到饲料中口服，也可对感染猪和接触猪肌肉注射相同剂量的药物。

14. 猪渗出性皮炎

猪渗出性皮炎（EE）是由表皮葡萄球菌引起的一种仔猪的高度接触性传染病，以皮肤发生渗出性炎症为特征。葡萄球菌也可感染人。该菌对外界环境抵抗力较强，能存活数月，80℃时需要30分钟才能被杀死，但70%酒精、酚类和含氯消毒剂能有效杀死该病原。

● 发病（流行）特点

本病发生无明显的季节性，但在湿热的季节里易发。

本病病原广泛存在于环境中，也是动物体表的常在菌，主要通过破损的皮肤和黏膜感染，甚至通过汗腺、毛囊感染。主要感染哺乳仔猪和刚断奶仔猪，呈散发或整窝发生。也可发生在大的猪和母猪乳头，但症状轻微。

● 临床症状

发病初期在肛门、眼睛周围、耳郭、腋部和腹部少毛的部位出现红斑，发生细小的微黄色水疱。后水疱迅速破裂，渗出清朗的液体，与皮屑、皮脂和污垢混合，干燥后形成微棕色鳞片状有臭味的结痂，发痒，手触之有粘感，如接触油脂样，故俗称"猪油皮病"。痂皮脱落后，露出鲜红色创面。这样的皮肤炎症，可在2～4天内扩展到全身各处。同时可有严重的眼结膜炎。病猪食欲减退，饮水增加，并迅速消瘦。严重病猪在3～10天内死亡，一般经1个月后康复。

● 诊 断

根据发病特征可对本病作出诊断。确诊需要采用无菌方法刮取未治疗过的病猪痂皮下的分泌物或组织进行实验室检测分离出病原菌。

● 主要防治方法

母猪进入产房前要清洗、消毒，产房也要彻底消毒干净，并保持干净、干燥和通风；尽量减少仔猪皮肤损伤的可能，防止感染本病原菌；注意环境卫生和消毒。

仔猪渗出性皮炎早期治疗效果较好,病情严重的治疗不理想。全身治疗可选用庆大霉素+复合维生素B,三甲氧苄啶+磺胺嘧啶,林可霉素+大观霉素,同时应注意补液,防止脱水。由于葡萄球菌易产生耐药性,故治疗时最好做药敏试验,选择敏感的药物治疗。

15. 李氏杆菌病

李氏杆菌病是由单核细胞增生性李氏杆菌(李斯特氏菌)引起的人畜共患病,以脑膜炎、败血症、妊娠母猪流产为主要特征。本病病原对热有较强的耐受性,65℃需半小时以上才能被杀死,但常用消毒药易使之灭活。

● 发病(流行)特点

本病通常呈散发性,发病率很低,但病死率很高。仔猪和母猪较易感染。李氏杆菌在自然界分布很广,土壤、污水和饲料中常可发现,动物体内也可有。可通过消化道、呼吸道和伤口等途径感染。各种应激因素可成为本病的诱因。

● 临床症状

临床上分为败血型、混合型和脑膜脑炎型三种类型。

败血型:多见于哺乳仔猪,常无特殊症状突然死亡,病程1~3天,病死率高。

混合型:亦多见于哺乳仔猪,常突然发病,发病初期体温可升高到41~42℃,吮乳减少或不吃,粪干尿少,中后期体温降至常温或常温以下。多数病猪呈现脑膜脑炎症状,初期兴奋,共济失调,肌肉轻度痉挛,乱窜乱跑,转圈或不自主地后退。有的病猪头颈后仰,四肢开张呈"观星"姿势;有的后肢麻痹拖地不能站立,严重者躺卧,抽搐,口吐白沫,四肢乱划;有的呈游泳状划动,反射兴奋性增高,给以轻微刺激就发出惊叫。病程多为1~3天,长的可达4~9天。幼猪病死率很高,成猪可能耐过。

脑膜脑炎型:多见于断奶仔猪,也可见于哺乳仔猪,其脑炎症状与混合型相似,但较缓和,病猪体温、食欲、粪尿一般正常。病程长,通常以死亡告终。

妊娠母猪常无明显症状而发生流产。

● 剖检病理变化

败血症死亡的病猪，多数淋巴结呈不同程度的肿大、出血，切面多汁，肺充血、水肿，气管与支气管有出血性炎症，心内外膜出血，胃和小肠黏膜充血，肠系膜淋巴结肿大，肝、脾肿大，肝表面有灰白色坏死灶。有神经症状的病、死猪，脑及脑膜充血、水肿，脑脊液增加、浑浊，脑干变软，有小脓灶。

● 诊　断

根据病猪有脑膜脑炎神经症状，呈散发，血液中单核细胞增多，孕畜流产，脑及脑膜充血、水肿，肝有小坏死灶等病变，可作出初步诊断。但症状和病变不典型，需要采取脑脊液、血液、脑组织、肝组织等进行实验室检验才能确诊。实验室检验有细菌分离培养及动物试验。也可进行血检，病猪发病后一般白细胞总数高达 $3.4 \times 10^{10} \sim 6.9 \times 10^{10}$ 个/升，单核细胞为 $0.08 \times 10^9 \sim 0.12 \times 10^9$ 个/升。

诊断时应与发生脑膜炎、流产的病如链球菌病、伪狂犬病、乙型脑炎、细小病毒病、布鲁氏菌病等进行鉴别。

● 主要防治方法

本病的预防重点是做好清洁卫生工作。发病早期应用大剂量磺胺类药物，或与青霉素、四环素、氟苯尼考等并用，以及氨苄西林和庆大霉素合用，都具有良好的治疗效果。本菌易产生耐药性，治疗时要注意。对于有神经症状的乳猪，治疗难以奏效，可用水合氯醛每千克体重1克，灌服。

16. 布鲁氏菌病

布鲁氏菌病是一种由布鲁氏菌引起的严重危害人体健康和多种动物的人畜共患病，以流产、睾丸炎和关节炎为特征。布鲁氏菌对外界环境有较强的抵抗力，在干燥的土壤中能存活2个月，在粪水中能存活4个月以上，但常用消毒药易使之灭活。

发病（流行）特点

本病的发生无季节性，病猪和带菌猪是其主要传染源。病菌主要存在于被感染母猪的胎儿、胎衣、乳房及淋巴结中，常通过流产或产仔、乳汁、尿等污染环境。主要通过采食被污染的饲料、饮水等感染传播，交配也会传染。性成熟后的猪更易感。

临床症状

新感染的猪群可出现大批妊娠母猪发生流产，母猪流产多发生于妊娠的第三个月，产下的仔猪多为死胎，胎盘不滞留；有的因见不到排出物而像假怀孕。怀孕后期流产时，所产的仔猪可能有完全健康者，也有弱仔。发病高峰过后，流产头数逐渐减少，而慢性症状如关节炎、子宫炎患猪逐渐增多，并且有许多病猪不能妊娠。

公猪的主要症状是睾丸炎和附睾炎，表现为睾丸显著肿胀，往往两侧睾丸同时发炎。后期睾丸萎缩，失去配种能力。

病猪常有关节炎发生，多发于后肢关节，表现为关节肿大、关节囊内常含有多量液体，有时关节僵硬、跛行。

诊断

由于引起母猪流产、公猪睾丸炎和关节炎的病较多，因此本病临床诊断较困难，需要进行实验室诊断。可进行细菌分离鉴定，但常采取病猪血清用试管凝集反应、补体结合试验等进行检测。

诊断时应与引起母猪流产、公猪睾丸炎和关节炎的病，如乙型脑炎、猪细小病毒病、伪狂犬病、猪蓝耳病、衣原体病、链球菌病、霉变饲料中毒、猪瘟等进行鉴别。

主要防治方法

尚无有效的治疗方法，应以预防为主。引种时，要严格进行检疫，即先隔离饲养2个月，同时采用布鲁氏菌病血清学试管凝集方法，进行2次（间隔1月）检测，阴性者方可进场饲养。

对有本病存在的猪群，应坚持定期检测（至少一年4次），一经发现阳性者，应立即扑杀并做无害化处理。场地要经常消毒。在配种前要对种公猪进行检测，确认健康者方能应用。感染严重的猪群应全部扑杀淘汰。

17. 钩端螺旋体病

钩端螺旋体病是由致病性钩端螺旋体引起的一种人畜共患病，病猪以发热、血红蛋白尿、贫血、黄疸为特征。本病病原对外界环境有较强的抵抗力，可以在水田、池塘、沼泽地存活数月，但对酸、碱和热较敏感，一般消毒药都能将其杀死。

发病（流行）特点

本病发生表现为一定的季节性，以夏、秋两季，尤以6～9月份多发，呈散发性。

致病性钩端螺旋体可感染各种年龄的猪，其中以仔猪发病较多。多数发病猪呈隐性感染，不表现临床症状；少数急性病例出现发热、血红蛋白尿、贫血、水肿、流产、黄疸、出血性素质、皮肤和黏膜坏死等表现特征。饲养管理不善或由其他疾病致使体质衰弱时，常可促使本病的发生和流行。传染源主要是病猪、带菌猪和鼠类，通过各种排泄物污染环境，经皮肤、消化道、呼吸道等感染，也可通过吸血昆虫传播。

临床症状

大猪多数呈隐性感染，临床症状不易察觉。中、小病猪体温升高到39.5～41℃左右，厌食、废食，皮肤干燥，1～2日内全身皮肤和黏膜泛黄，部分病猪有血红蛋白尿，尿色呈浓茶样或酱油色。病猪常在几天内死亡，病死率很高。仔猪临床表现为突然发病，体温升高至40℃，稽留3～5天，沉郁，厌食，腹泻，黄疸以及神经性后肢无力，震颤与脑膜炎，上下颌、头部、颈部甚至全身水肿，有的病猪出现血红蛋白尿，病死率达50%以上。母猪有时表现为发热、无乳。怀孕不足4～5周的母猪在感染4～7天后发生流产、死产，流产率可达70%以上。流产胎儿出现木乃伊化或苍白，死胎常出现自溶现象。怀孕后期母猪感染则产出弱仔猪，这些仔猪不能站立，不会吸乳，经1～2天即死亡。

● 剖检病理变化

　　猪的病理变化主要是败血症和黄疸。急性者肉眼可见皮肤、皮下组织、浆膜和黏膜黄染。皮肤发生坏死，皮下水肿、有出血点。肝肿大，呈土黄色或棕色。胆囊肿大、充盈。肾肿大。淋巴结肿大、出血。脾脏肿大，有时可见出血性梗死。膀胱积有血红蛋白尿或似浓茶样的胆色素尿液。

● 诊　断

　　根据流行特点、临床症状和病理剖检可作出初步诊断。实验室诊断方法有：①采病畜新鲜血液、尿液（沉淀）等病料制成压滴标本片，用暗视野镜检细菌。②取病料腹腔接种3月龄豚鼠或仓鼠每日观察测温，发现体温升高、体重减轻、活动迟钝、食欲减少、被毛松乱、黄疸、天然孔出血者即示发病，亦可到濒死期扑杀观察病变，取肝、肾检查菌体。③用病料进行细菌分离培养。

　　诊断时应与有黄疸病变的附红细胞体病等猪病进行鉴别。

● 主要防治方法

　　预防本病，要搞好环境及猪圈卫生，大力灭鼠以控制带菌动物，淘汰或无害化处理带菌猪；防止水源污染，对水源进行卫生鉴定。可采用动物浸泡法，将豚鼠去除体表部分被毛，浸泡在疫水中半小时，然后饲养观察是否发病，以确定水源是否受到污染。

　　治疗本病的目的是控制排菌，防止病原扩散。对被病猪污染的环境及时消毒。发病猪用每千克饲料加入土霉素0.75～1.5克，连喂7天；也可用青霉素、链霉素、氟苯尼考、四环素或土霉素等抗生素治疗，均有较好疗效。如果对病猪用葡萄糖和维生素输液，则效果更好。

18. 炭疽

　　炭疽是由炭疽杆菌引起的多种动物和人感染发病的人畜共患病，猪感染本病以隐性和局部感染为主要特征。本病病原在土壤中形成芽孢后可长期存活，从而成为疫源地。该病原对热有耐受性，100℃以上需15分钟以上才能被杀死。因此，发病动物不可剖检，尸体也不可深埋，必须烧毁。20%漂白粉、3%～5%热烧碱等可杀死该菌。

三　常见生猪疫病和群发病的诊断与防治

● 发病（流行）特点

　　猪对该菌有较强的抵抗力，发病猪很少。
　　本病主要经消化道感染，常因采食被污染的饲料、饲草和饮水而感染。其次是通过皮肤感染，也可通过呼吸道感染。本病多发生于炎热的夏季，在雨水多、洪水泛滥时容易发生传播。犬、狼等野生动物常可因吞食病畜尸体、污染牧地等而扩大传播。有些地区亦可呈地方性流行。本病不仅可使家畜发病死亡，而且易因病畜或其产品传染于人。

● 临床症状及剖检病理变化

　　隐性感染的猪无临床症状，常在屠宰检疫时发现咽部发炎，扁桃体、咽部和颌下淋巴结肿大、出血和坏死，周围组织有大量黄红色胶冻样浸润。局部性炭疽病猪有咽型和肠型。前者表现为体温升高，颈部和咽喉部肿胀，吞咽和呼吸困难，口、鼻黏膜发绀，重者因窒息而死。后者病猪发生便秘和腹泻，甚至粪便带血，重者死亡。急性型非常少见，表现为突然高热，体温达41.5℃以上，呼吸困难，可视黏膜发绀，病程很短，常见突然死亡，濒死期天然孔出血，血液凝固不良。

● 诊　断

　　依据上述临床特点可作出初步诊断，但确诊需要实验室检验。①镜检：取疑似炭疽病猪的末梢血（耳尖、尾尖），涂片染色镜检，如发现有荚膜的典型细菌，即可诊断。②分离培养：取病料（不可对尸体进行剖解，可取耳血）接种于普通琼脂或血液琼脂培养基，37℃培养18~24小时，观察有无典型的炭疽菌落。③动物接种：将待检病料或培养物稀释成悬液，皮下接种豚鼠和小鼠数只。接种后观察14天，被接种动物常于接种后1~4天死亡。然后镜检，分离菌体进行鉴定。④血清学试验：可用炭疽沉淀反应、琼脂扩散、间接血凝试验等。

● 主要防治方法

　　发病后的处理措施：发现炭疽后，应立即上报疫情，划定疫区。在屠宰场发现的要立即停止屠宰作业，对发病地实行封锁、隔离、消毒、烧毁等综合性防治措施。病猪和尸体不准剖解，不可深埋，也不准随意抛弃于野外，应送指定地点进行烧毁处理。对同群猪，必须进行系统的临床检查和逐头测温，如果发现可疑病猪应立即隔离，注射抗炭疽血清，或同时用青霉素等治疗。全场应彻底消毒。病猪躺过的地面，应把表土除去15～20厘米，取下的土与20%漂白粉溶液混合后再行深埋。污染的饲料、垫草、粪便应焚烧。畜舍用20%漂白粉溶液或10%烧碱水喷洒3次，每次间隔1小时。

19. 破伤风

破伤风是破伤风梭菌引起的多种动物与人创伤感染发病的人畜共患病，以全身肌肉或某些肌群呈持续的强直性痉挛和对外界刺激敏感为特征。本病病原菌形成芽孢后，对外界有很强的抵抗力，能存活几十年，但用10%漂白粉、30%过氧化氢等能有效杀灭该菌。

● 发病（流行）特点

破伤风梭菌遍布于自然界的土壤中，但必须通过创伤感染发病，特别是深创伤感染以及初生仔猪脐带感染，所以本病多见于阉割猪和放养猪中。猪感染后病死率较高。

● 临床症状

创伤距头部越近、创伤越严重，则发病潜伏期越短。发病初期主要呈现对刺激反射兴奋性增强、步行强拘等症状，后出现全身性的强直痉挛症状，角弓反张，全身肌肉僵硬，不能张口或牙关紧闭，反复发作，常有"吱吱"的叫声，不能饮食（水）。

● 诊 断

根据发病特点和创伤史，可作出诊断。

● 主要防治方法

预防工作主要是搞好环境卫生，实施圈养，当断脐后或发现创伤时要及时处理消毒。在常发地区，对大的伤口如阉割等应注射抗破伤风血清等。对有价值的种猪可以进行治疗。治疗原则是清理伤口，早期给动物注射抗破伤风血清，同时用镇静解痉药缓解动物的高度兴奋和痉挛，不能进食者要采取补液措施等。此外，还要加强护理，减少刺激因素。

三、常见生猪疫病和群发病的诊断与防治

20. 衣原体病

衣原体病是由鹦鹉热衣原体引起的多种畜禽与人共患的传染病。猪衣原体病又称衣原体性流产，以繁殖障碍、肺炎、关节炎等为主要特征。2%烧碱、0.1%甲醛等消毒药可有效杀灭该病原。

发病（流行）特点

本病在猪上并不多见，且常表现为隐性感染或潜在性经过，在不利的外界环境因素影响下易引起发病。大小生猪均可感染发病，但以妊娠母猪和小猪最易感染。各种动物间可以互相传染。通过发病或带菌动物的各种排泄物污染环境，经消化道或呼吸道感染，也可通过交配传播。康复猪可长期带菌。

临床症状

各种怀孕期的母猪均可发生流产，头胎和二胎多发，胎儿早产、死产、产木乃伊胎或弱仔，流产前一般无症状。公畜一般发生睾丸炎等。

其他病猪常发生肺炎、关节炎、肠炎，表现为食欲不振、体温升高达39～41℃、食欲废绝、咳嗽、腹泻、关节肿大、跛行。

剖检病理变化

大多数病例以肺部病灶为主，多分布在肺的后下部，有时在前叶出现肺炎病灶。病灶呈不规则形凸起，质地硬实并连成片，往往扩散到肺组织深部，病、健肺组织有明显的界限。病变早期肺组织呈灰红色，随着时间推移变为灰色，支气管淋巴结肿大，并伴有心包炎、胸膜炎、心包及胸腔积液，可内含纤维素，并可引起粘连。肾和膀胱黏膜有出血性变化。肠炎主要呈急性卡他性炎症。也有关节炎病变，滑液膜发炎。公猪睾丸发炎。流产胎儿木乃伊化，所产死胎或弱胎的肺、肝、肠道均出现病变。

诊 断

本病是一种多症状的传染病，流行病学、临床症状和病理变化只能作为参考，其诊断主要应依据实验室的检查结果。可采取肝、脾、关节液、流产胎儿等组织送实验室进行病原鉴定。

诊断时应与引起肺炎、繁殖障碍和关节炎的多种疾病，如乙型脑炎、猪细小病毒病、伪狂犬病、猪蓝耳病、链球菌病、布鲁氏菌病、猪附红细胞体病、钩端螺旋体病、弓形体病、霉变饲料中毒、猪瘟等进行鉴别。

● 主要防治方法

为防止疫病传入，饲养场应防止鸟类等动物进入。对流产物等应进行深埋或烧毁。有此病原污染的猪群，可用猪衣原体性流产灭活疫苗进行免疫，其免疫程序是：种公猪每年免疫1次，皮下注射2毫升/只；繁殖母猪在配种前1个月皮下注射2毫升/只，连续2～3年。

病猪治疗，四环素是首选药物，也可用金霉素、土霉素等。

（三）寄生虫病

1. 弓形体（虫）病

弓形体病又称弓形虫病或弓浆虫病，是由弓形体感染引起的一种人畜共患寄生原虫病，以高热、呼吸系统症状、繁殖障碍为主要特征。本病呈世界性分布，在家畜和野生动物中广泛存在。弓形体的抵抗力因发育阶段不同而有很大差异。其中，滋养体的抵抗力最弱，各种消毒剂均可将其杀死。包囊的抵抗力较强，在4℃下可存活68天，并能抵抗胃液的作用，但加热可迅速将其杀死。卵囊的抵抗力最强，常温下可保持1～1.5年的感染力，对一般酸、碱和常用消毒剂均有相当的耐受性，只是对高温较为敏感。

● 发病（流行）特点

本病无明显的季节性，有些地方以6～9月份的夏、秋炎热季节多发。

病猪多见于3～4月龄，死亡率较高。病畜和带虫动物的脏器和分泌物、粪、尿、乳汁、血液及渗出液，尤其是随猫粪排出的卵囊污染的饲料和饮水都可成为主要的传染源。本病主要的流行形式有以下几种：

暴发型：在短时间内猪场内大部分猪或某栋猪舍内的大部分猪同时发病，死亡率可达60%以上。

急性型：猪场内有若干头猪同时发病，一般以一个猪圈内的十几头或二十几头猪几乎同时患病的形式较为多见。

三 常见生猪疫病和群发病的诊断与防治

零星散发：一般是在一个圈或几个圈内同时或相继出现1~2头病猪。有的先发生1例之后逐渐向四周扩散，使邻位猪圈中的在2~3周内陆续发病。这个过程可持续1个多月，然后慢慢平息。

隐性感染：这是目前弓形虫病在亚洲地区流行的主要形式。感染猪一般见不到临床症状，但血清学检测阳性率较高，尤其是怀孕母猪的隐性感染常导致流产。

● 临床症状

猪急性感染后呈现的症状和猪瘟极相似，体温升高至40.5~42℃，可稽留7~10天。病猪精神沉郁，食欲减少至废绝，喜饮水，伴有便秘或下痢。呼吸困难，常呈腹式呼吸或犬坐式呼吸。后肢无力，行走摇晃，喜卧。鼻腔干燥，被毛粗乱，结膜潮红。随着病程发展，耳、鼻、后肢股内侧和下腹部皮肤出现紫红色斑或间有出血点，有的病猪在耳壳上形成结痂。病后期患猪表现出严重呼吸困难，后躯摇晃或卧地不起。病程为10~15天。

耐过急性期的病猪一般于2周后恢复，但往往遗留有咳嗽、呼吸困难及后躯麻痹、斜颈、癫痫样痉挛等神经症状。

怀孕母猪若发生急性弓形虫病，表现为高热、拒食、精神委顿和昏睡，持续数天后产出死胎或流产，即使产出活仔，也会发生急性死亡或发育不全、不会吃奶或畸形怪胎。母猪常在分娩后迅速自愈。

● 剖检病理变化

特征性的病变是肺水肿、间质增宽，含多量浆液而膨胀成为无气肺，切面流出多量带泡沫的浆液。全身淋巴结尤其是肠系膜淋巴水肿或有大小不等的出血点和灰白色的坏死点。心包、胸腔和腹腔有积水，可含有纤维素，并可引起粘连。肝肿胀并有散在针尖至黄豆大的灰白或灰黄色的坏死灶。

● 诊 断

根据弓形虫病的临床症状、病理变化和流行病学特点，可作出初步诊断。确诊必须采取胸腹水、肺、淋巴结等样品在实验室中查出病原体或采取康复猪血清检测特异性抗体。

诊断时在症状上应与猪瘟、仔猪副伤寒等区别，在病变上应与猪肺疫、水肿病等区别。

● 主要防治方法

猪舍要定期消毒，一般消毒药如1%来苏水、3%烧碱、5%草木灰都有效。加强饲养管理，保持猪舍卫生。消灭鼠类，防止猪捕食啮齿类动物。防止猫粪污染猪食和饮水，禁止猪、猫同养。防止猪与野生动物接触。

治疗本病有效的药物是磺胺类药，抗生素类药物无效。以下为几种常用药物：磺胺嘧啶每千克体重70毫克，或甲氧苄啶每千克体重14毫克，每天2次口服，连用3～4天。磺胺－6－甲氧嘧啶每千克体重20～25毫克，每天1～2次，肌肉注射或口服，病初使用效果更佳。磺胺嘧啶（每千克体重60毫克）和乙胺嘧啶（每千克体重1毫克）合剂，每天口服1～2次，连用4～6次。磺胺嘧啶（每千克体重70毫克）+二甲氧苄啶（每千克体重14毫克），每天2次，连用2～3天。长效磺胺，按每千克体重60毫克配成10%溶液肌肉注射，每天1次，连用7天。

由于磺胺类药物溶解度较低，故内服时应配合等量碳酸氢钠，并增加饮水，以防止药物在尿中析出结晶。

2. 猪囊虫病（猪囊尾蚴病）

猪囊虫病是由有钩绦虫的幼虫——猪囊虫（囊尾蚴）引起的人畜共患寄生虫病。囊虫寄生在肌肉组织，有时也寄生在实质器官或脑组织中。人吃了含有囊虫的猪肉而感染发病，囊虫在人小肠内发育成绦虫（成虫），成虫繁殖的虫卵通过人的粪便排出体外污染环境，环境中虫卵被人或猪吃入后又发育成囊虫。

● 发病（流行）特点

本病在浙江饲养的生猪中未发现。在我国，主要发生于东北、华北和西北部地区，呈散在发生，绝大多数省份的屠宰场都曾经发现过猪囊尾蚴病猪。过去，本病在生吃猪肉的地区流行比较严重，如云南的西部和南部曾经流行本病。东北各省感染率较高，因为这些地区厕所和猪圈相连，人粪便直接落入猪圈，带有虫卵和孕卵节片的粪便很容易被猪食入，引起猪发病。现在随着人们卫生意识的提高,本病在我国已逐渐减少。

● 临床症状

一般患病猪不显临床症状,在极强的感染或重要器官受害时才表现症状,主要为生长发育受阻、贫血、水肿;若侵害咬肌和喉头,则表现为呼吸困难、声音嘶哑与咀嚼、吞咽困难;若寄生于眼内,可导致视觉障碍至失明;严重寄生于腿部肌肉,可引起肌肉疼痛,造成走路不稳、左右摇晃;寄生于大脑或者小脑,可引起癫痫、急性脑炎,甚至突然死亡。

● 剖检病理变化

可见严重感染猪的咬肌、腰肌等骨骼肌或心肌内含有乳白色、米粒样的椭圆形或圆形的囊包,囊包数量不等,少则数个,多则似一把米撒在肉上,有的仅在咬肌发现,有的在其他部位骨骼肌中同时存在。这种猪肉俗称"米猪肉"。这些肌肉呈苍白色,切面湿润,可见的囊包就是猪囊尾蚴。成熟的猪囊尾蚴外形呈椭圆形,为半透明的包囊,长约6~10毫米,短径5毫米,囊内充满液体,囊壁为一层薄膜,壁上有一个粟粒大小的乳白色的结节,即虫体的头节。

● 诊 断

生前诊断比较困难,严重感染时,可以在猪的舌肌和眼部肌肉看到凸出的黄白色或者灰白色的肿疙瘩。采取生猪血样在实验室利用血清学方法可以诊断,但须进一步验证。确诊主要通过剖检。

● 主要防治方法

治疗猪囊尾蚴没有特效药,重点是做好预防工作。应在有吃生猪肉习惯的地区大力宣传科普知识,使群众知道猪囊尾蚴的巨大危害,知道人的猪带绦虫和猪囊尾蚴之间的关系。只要人不吃生猪肉或者未熟猪肉,猪吃不到人的粪便,结合人的驱虫,猪带绦虫和猪囊尾蚴病就会被消灭。

应加强对猪肉食品的检验,尤其是对生猪肉的检验。一旦发现有猪囊尾蚴的猪肉,必须进行销毁等无害化处理,杜绝带有囊尾蚴的猪肉上市。

在流行地区要进行人的猪带绦虫病普查,如有发现应该及时进行驱虫。驱虫时粪便一定要收集并做无害化处理,以杜绝传染来源。

厕所和猪圈相连的地区,应立即进行厕所改造,做到猪圈和厕所分开,粪便必须入厕,杜绝猪只和人粪便接触的一切可能性。

3. 旋毛虫病

旋毛虫病是由旋毛虫引起的人畜共患寄生虫病。旋毛虫幼虫寄生在猪的肌肉中,在小肠中发育成虫,人是吃了带有旋毛虫的猪肉而感染该病的。

● 发病(流行)特点

在浙江饲养的生猪中未发现过此病,全国各地呈散发状态。现在随着人们卫生意识的提高,本病在我国逐渐减少。猪感染旋毛虫主要是由于吃食未经煮熟的含有旋毛虫的泔水、废弃肉渣及下脚料而引起的。

● 临床症状

病猪多数不显症状而带虫,或出现轻微肠炎症状。个别严重感染者体温升高,下痢,便血,有时呕吐,食欲不振,迅速消瘦,半个月左右死亡,或者转为慢性。感染后,由于幼虫进入肌肉引起肌肉急性发炎、疼痛和发热,有时可表现出吞咽、咀嚼、运步困难和眼睑水肿,1个月后症状消失,耐过猪成为长期带虫者。

● 剖检病理变化

表现为肌肉急性发炎,心肌细胞变性,组织充血和出血。后期采取肌肉做活组织检查或死后肌肉检查可发现肌肉表现为苍白色,切面上有针尖大小的白色结节,显微镜检查可以发现虫体包囊,包囊内有弯曲成折刀形的幼虫,外围有结缔组织形成的包囊。成虫侵入小肠上皮时,引起肠黏膜发炎,表现为黏膜肥厚、水肿,肠腔内容物充满黏液,黏膜有出血斑,偶见溃疡出现。

● 诊 断

生前根据临床症状很难作出诊断。如果怀疑有本病时,一般采集膈肌通过实验室检查肌肉中的虫体而诊断。还可应用血清学检查,采用酶联免疫吸附试验、间接血凝抑制试验、皮内试验和沉淀试验等,检验血清中旋毛虫特异性抗体是否增加,如有增加,则可判定为本病。

三 常见生猪疫病和群发病的诊断与防治

● 主要防治方法

目前治疗该病尚无特效药物，重点是做好预防工作。提高公民的安全卫生意识是预防本病的关键。在此基础上，应搞好公共卫生，加强饲养管理，动物尸体应做焚烧或深埋处理。养猪者禁止用洗肉水喂猪。病猪可试用阿苯达唑、噻苯达唑、甲苯达唑、阿维菌素或伊维菌素治疗。

4. 猪棘球蚴病

猪棘球蚴病是由细粒棘球绦虫的幼虫——棘球蚴引起的。其成虫寄生在犬、狼、狐的小肠内，幼虫寄生在人及牛、羊、猪的肝、肺等脏器内。细粒棘球绦虫的成虫很小，体长2～6毫米。

● 发病（流行）特点

寄生在犬、狼等体内的成虫，其孕卵节片随粪便排出到外界，虫卵散布在牧草或饮水里，中间宿主猪等因吃草或饮水而遭受感染。虫卵在胃肠消化液的作用下，六钩蚴脱壳而出，穿过肠壁，随血流至肝和肺，逐步发育为棘球蚴，终末宿主犬、狼等吃了有棘球蚴的脏器而受到感染。

人患严重的棘球蚴病，是误食细粒棘球绦虫的虫卵发生的。寄生于人体的棘球蚴可生长发育达10～30年之久。

● 临床症状

初期一般不显症状。棘球蚴寄生在肺时，病猪可发生呼吸困难、咳嗽、气喘等症状。寄生在肝时，病猪最后多呈营养衰竭和极度虚弱。

● 剖检病理变化

剖检尸体时，可见肝脏上有数量不一的，小如豌豆、大如鸡蛋的囊包，囊壁不透明，囊内有无色透明的液体，这就是棘球蚴。病轻的，仅于肝表面有少数几个黄豆至鸡蛋大小、灰白色、圆形或不整圆形的囊肿，呈半球状隆突于肝表面，囊内充满淡黄色透明液体，多数包囊的囊壁与周围肝组织结合牢固；严重病例，肝显著肿大，肝表面密布大小不等、相互重叠的灰白色囊肿，切开肝脏后切面呈蜂窝状，有大小不一的囊包，切开的囊包会流出多量淡黄色液体。

● 诊 断

生前临床诊断很困难，一般在屠宰或尸体剖解时发现肝脏上有棘球蚴囊包，即可作出确诊。

● 主要防治方法

养猪场内禁止养狗，确保饮用水卫生，农村散养猪不可随意放牧。当怀疑猪发生本病时，可试用阿苯达唑（90毫克/千克，连服2次）或吡喹酮（25～30毫克/千克，连服5天）杀灭猪棘球蚴。

5. 猪细颈囊尾蚴病

本病俗称"水铃铛"，是由泡状带绦虫的幼虫——细颈囊尾蚴引起的。其成虫寄生在犬的小肠内，长1.5～2米。幼虫寄生在猪、牛、羊等家畜的肠系膜、网膜和肝等处。

● 发病（流行）特点

寄生在犬小肠中的成虫，其孕卵节片随粪便排出。猪吞食虫卵后，释放出六钩蚴，六钩蚴随血流到达肠系膜和网膜、肝等处，发育为细颈囊尾蚴。犬由于食入带有细颈囊尾蚴的脏器而受感染，潜隐期为51天，成虫在犬体内可生活1年之久。在某些地方猪细颈囊尾蚴病常常发生，对仔猪危害严重。

● 临床症状

细颈囊尾蚴寄生数量少时猪不显症状，如被大量寄生，则可引起消瘦、衰弱等症状。在肝脏中移行的幼虫数量较多时，可破坏肝实质及微血管，穿成虫道，引起出血性肝炎。此时，病猪表现为不安、不食、腹泻和腹痛等症状，可能造成仔猪死亡。慢性疾病多发生在幼虫自肝脏移行出来之后，一般不显临床症状，有时患猪表现出精神不振、食欲消失、消瘦、发育不良等症状。有时幼虫移行至腹腔或胸腔，可引起腹膜炎和胸膜炎，表现出体温升高等症状。

● 剖检病理变化

在肝脏表面、肠系膜或网膜上可见附着游离的、呈球体的囊泡，囊壁薄而透明，小的似豌豆，大的如鸡蛋或更大，泡内有无色透明的液体和乳

三 常见生猪疫病和群发病的诊断与防治

白色的头节,头节所在处呈乳白色,只有1个头节,这就是细颈囊尾蚴。当大量细颈囊尾蚴寄生时,压迫肝组织,可使肝发生局限性萎缩和硬化。

● 诊 断

生前诊断比较困难,可采用血清学方法诊断。尸体剖检或屠宰检疫时发现肝脏等部位有虫体即可确诊。在肝脏中发现细颈囊尾蚴时,应与棘球蚴相区别,棘球蚴囊壁厚而不透明,肝脏实质内也有棘球蚴囊包,囊内有多个头节。

● 主要防治方法

防止犬进入猪舍内散布虫卵,污染饲料和饮水;勿用猪、羊屠宰的废弃物喂犬。当怀疑猪发生本病时,可用吡喹酮和阿苯达唑等治疗,对细颈囊尾蚴有一定的杀灭作用。

6. 猪蛔虫病

猪蛔虫病是猪蛔虫寄生猪小肠而引起的寄生虫病,主要危害仔猪,是猪常见的寄生虫病。蛔虫的虫卵对化学药品抵抗力很强,对高温较敏感,45~50℃30分钟死亡。

● 发病(流行)特点

猪蛔虫病流行十分广泛,呈世界性分布。3~5月龄的仔猪最容易感染。猪感染蛔虫主要是由于采食了被感染性虫卵污染的饲料(包括生的青绿饲料)、水,或母猪的乳房沾染虫卵后仔猪吸奶时受到感染。饲养管理不善、卫生条件差、营养缺乏、饲料中缺少维生素和矿物质、猪只过于拥挤的猪场发病更加严重。由于病猪死亡率低,畜主往往忽视驱虫,这也是造成本病广泛流行的原因之一。

● 临床症状

猪蛔虫病的临床症状随着猪只的年龄大小、猪体质的好坏、感染的数量以及蛔虫发育阶段的不同而有所不同。一般以3~6月龄大的猪比较严重。

感染早期,即幼虫移行期间,病猪肺炎症状明显,表现为轻微的咳嗽,呼吸加快,食欲减退,体温升高到40℃左右。病猪营养不良,消瘦,贫血,被毛粗乱逆立，有的生长发育受阻，变为僵猪。严重病例者，可表现呼吸困难，急促而不规律，常伴发沉重而粗糙的咳嗽。如果此时病猪并发流感、猪瘟、猪气喘病等疾病，则往往由于蛔虫的幼虫在肺脏的协同作用而使猪只的病情加剧，导致死亡。此外，病猪还可表现为渴欲增加、呕吐、流涎、拉稀等症状。此时病猪多喜卧，不愿走动。

如果成虫大量寄生导致肠道堵塞，病猪可表现为剧烈的腹痛，食欲废绝，严重的造成肠壁破裂而死亡。有时蛔虫进入胆总管，引起胆道蛔虫病；或者进入胰管，堵塞胰管，由此引发胰管和胰脏的疾病。

● 剖检病理变化

猪蛔虫病发病初期，表现为小肠黏膜出血，轻度水肿，浆液性渗出，嗜中性粒细胞和嗜酸性粒细胞浸润，肝脏出现出血点，肝组织混浊肿胀，脂肪变性，有时出现肝脏局灶性坏死（白斑），有时在肝组织中发现暗红色的幼虫移行后的虫道。幼虫由肺毛细血管进入肺泡时，造成肺组织小点出血，肺表面有大量出血点和暗红色斑点，肺组织致密，导致水肿，肺泡内充满水肿液，肺病变组织沉于水。后期，肝表面有许多大小不等的白色斑，小肠中可发现数量不等的虫体。寄生数量少时，肠道无明显的变化；寄生数量多时，可见有卡他性肠炎、肠黏膜散在出血点或者出血斑，甚至可见溃疡病灶。

● 诊　断

根据临床症状和粪便检查发现虫卵及病理剖检发现虫体可以确诊。

直接涂片查虫卵：用直接涂片法很容易发现虫卵。一般1克粪便中虫卵数量大于等于1000个时可以诊断为蛔虫病。

饱和盐水漂浮法：取10克粪便加饱和盐水100毫升，混合均匀，通过60目铜筛过滤，滤液收集于三角瓶或烧杯中，静置沉淀20～40分钟，用一直径为5～10毫米的铁丝圈，与液面平行以蘸取表面的液膜，置于载玻片上，盖上盖玻片于显微镜下检查。

蛔虫幼虫检查法：将病变的肝组织或者肺组织撕碎，放于铁丝网筛上（网筛事先置于漏斗上，漏斗下用胶管连接一个小试管），随后加入40℃的温水，放置1～2小时，随后取试管底部沉渣检查，可以发现幼虫。

三 常见生猪疫病和群发病的诊断与防治

● 主要防治方法

规模化猪场要采取综合防治措施，注意猪舍和运动场卫生，及时清除粪便，并进行无害化处理，防止污染环境，散播病原。应保持饲料、饮水和环境的清洁卫生。加强饲养管理，防止粪便污染饲料和饮水。每年春、秋两季用伊维菌素、芬苯哒唑等药物对全群猪只各驱虫1次。引进种猪应先隔离一段时间，进行检验，如果发现有寄生虫寄生，应进行驱虫，确认无寄生虫寄生时，方可并群饲养。

选用一般常用药物即可驱虫治疗。常用的药物有：左旋咪唑，每千克体重4~6毫克，肌肉注射；每千克体重8毫克，口服。丙硫苯咪唑，每千克体重10~20毫克，一次口服。伊维菌素，每千克体重0.3毫克，皮下注射。

7. 猪毛首线虫病（猪鞭虫病）

猪毛首线虫病是由毛首目毛首科毛首线虫属的猪毛首线虫（又称毛尾线虫）寄生于猪的盲肠所引起的一种线虫病。该虫虫体前部呈毛发状，故称毛首线虫，但虫体后部粗，整个外形又像鞭子，故又称鞭虫。因此，猪毛首线虫病也称猪鞭虫病。本病主要危害幼猪，患猪以腹泻、消瘦、贫血、脱水为主要特征，严重时可导致仔猪死亡。

● 发病（流行）特点

本病分布广泛，遍及全国。本病主要感染幼猪，1.5个月龄的猪即可检出虫卵，4月龄的猪虫卵较多，14月龄以上的猪极少感染。猪毛首线虫寄生于盲肠和结肠内，头部钻入肠黏膜固着。雌虫交配后在盲肠和结肠内产卵，虫卵随粪便排出体外，在粪便中发育，6~24℃条件下经210天形成内含第一期幼虫的感染性虫卵。猪吞食后，第一期幼虫在小肠后部孵出，钻入肠绒毛间发育，8天后移行于盲肠和结肠内，头部钻入肠内壁黏膜附着，再经1个月发育为成虫。成虫寿命为4~5个月。

本病在夏季感染率高。在不卫生的猪圈，一年四季都可发生。

● 临床症状

病猪表现为精神沉郁，食欲不佳直至不食，仅饮脏水。病猪出现进行性消瘦、贫血、被毛粗乱、无光泽、皮肤苍白、粗糙、失去弹性、眼结膜苍白。多数呈顽固性腹泻，排出水样稀便，味恶臭，有时夹有红色的血丝或呈棕红色的血便。严重时病猪消瘦，皮肤失去弹性，结膜苍白，腹泻，有时排出水样血便并有黏液，生长停滞，步态不稳，最后因恶病质而死亡。仔猪症状严重，体温为39.8~40.5℃，病程多为7~15天，呈慢性经过，最后因呼吸困难、脱水、体温降至常温以下、极度衰竭而死。

● 剖检病理变化

虫体以纤细的体前部刺入黏膜内，引起盲肠、结肠的慢性卡他性炎症，有时也有出血性炎症。病变局限在盲肠和结肠。严重感染时，盲肠和结肠黏膜有出血性坏死、水肿和溃疡。剖检变化主要表现为盲肠充血、出血、肿胀，间有绿豆大小的坏死病灶。盲肠内容物恶臭，肠黏膜呈暗红色，黏膜上布满乳白色细针样虫体，虫体一端钻入黏膜内，一端露外，数目极多，不计其数。虫体一端粗短，另一端细长，犹如鞭子。结肠病变与盲肠基本相似。胸、腹腔内有较多的淡黄色渗出液，肠系膜呈胶样浸润。心肌松软、苍白，肝、脾有不同程度的萎缩和变性。其余内脏器官无明显病变。

● 诊 断

临床上有消化紊乱、轻度贫血、肠炎等症状，以致出血性腹泻时，即可怀疑本病，应进行粪检。死后剖检见大肠中有虫体，即可确诊。

实验室诊断取病猪粪便少许，用漂浮法涂片加盖片镜检，可见有大量细小、呈棕黄色、腰鼓形、两端各有1个栓塞、壳厚的虫卵。当每克粪便中含有6000个虫卵时，即可认为已患鞭虫病。

● 主要防治方法

保持猪舍和环境清洁卫生，定期消毒杀灭虫卵，特别是在流行地区，每年春、秋两季要定期驱虫。对粪便做无害化处理，在远离猪舍处堆集发酵。对仔猪进行预防性驱虫，可先用芬苯达唑、丙硫苯咪唑等驱虫药拌料，连续饲喂1~2周。治疗可用驱虫特效药羟嘧啶2~4毫克／千克体重口服或拌料一次饲喂。

8. 球虫病

猪球虫病是由艾美耳属和等孢属的多种球虫引起的一种以水样或脂样

腹泻为特征的疾病，多见于仔猪。成年猪多为带虫者。

🟠 发病（流行）特点

带有虫体的成年猪是本病的传染源。虫卵随粪便排到体外后，发育成有感染力的卵囊，猪吞入此卵囊后就被感染。一般发病见于仔猪，1～3周龄仔猪最多见，1～2日龄感染的仔猪症状最为严重，3月龄以上的猪一般不发病。猪舍卫生差的本病发病多。有本病存在的猪场，猪群发病率可达50%以上，但病死率则不等。

🟠 临床症状

本病的主要症状是腹泻。仔猪粪便呈水样、脂样或糊状，呈黄色到白色，偶尔呈棕色，病猪消瘦、脱水，时有死亡。较大的猪患此病时表现为食欲不振，也有腹泻，但一般能耐过。

🟠 剖检病理变化

主要变化是急性肠炎，并局限于空肠和回肠。一般肠炎较轻，严重的出现坏死性肠炎，肠黏膜上有黄色纤维素坏死性假膜。

🟠 诊　断

当日龄较小仔猪出现腹泻，且这种腹泻用抗生素治疗无效时，应考虑仔猪球虫病，但须与传染性胃肠炎、流行性腹泻、轮状病毒感染以及仔猪黄白痢和仔猪红痢等进行鉴别。确诊可用漂浮法检测随粪便排出的卵囊。对于急性感染或死亡猪，诊断必须依据小肠涂片或组织切片，发现球虫虫体即可确诊。

🟠 主要防治方法

新生仔猪应初乳喂养，并保持幼龄猪舍环境清洁、干燥；饲槽和饮水器应定期消毒，防止粪便污染；尽量减少因断奶、突然改变饲料和运输产生的应激因素。有本病严重存在的猪场，对7日龄前2天的仔猪，可预先服用氨丙啉等抗球虫药进行预防。发生球虫病时，应使用抗球虫药进行治疗，可采用百球清，按每千克体重20～30毫克一次口服。试验证明，盐霉素、莫能菌素、常山酮等药物对本病的疗效较差。

9. 猪疥螨病

猪疥螨病是由疥螨科疥螨属的猪疥螨寄生于猪的皮肤内而引起的体表寄生虫病，以皮肤发生红点、脓疱、结痂、龟裂、剧痒、全身衰竭和高度接触性传染为特征。本病呈世界性分布。猪感染本病后生长发育受影响，严重的可导致死亡。

发病（流行）特点

本病多发于秋冬及初春季节，因为这个时期缺乏阳光，猪体的毛长而厚；冬季天气寒冷，门窗关严，通风较差，猪又多挤在一起，皮肤温度增高；或是秋天和早春下雨天气，猪圈内湿度增大，皮肤的湿度也相对增大，这些因素都有利于猪疥螨的发育、繁殖和蔓延，从而引起猪疥螨的发生和流行。饲养管理和卫生条件差的猪场更易发生本病。

本病是猪常见的皮肤病，多发于小猪，1～3.5月龄仔猪检查阳性率为80%。随年龄增长，猪的抗螨力也随之增加。其传播途径主要是通过健康猪与病猪的直接接触或接触被污染的环境而感染。乳猪常因吃奶接触带虫母猪的皮肤而被传染。

临床症状

本病多发于5月龄以下的猪。病猪常靠在各种物体上如饲槽、墙壁、栏杆、树木、石头等处不断蹭痒，用力摩擦，最初皮屑和被毛脱落，之后皮肤潮红，出现浆液性浸润，甚至出血，形成痂皮。通常病变始发于头部、眼窝、颊及耳部，之后蔓延到颈部、肩部、背部、躯干两侧和四肢，病变处皮肤增厚、粗糙变硬、失去弹性，形成皱褶和龟裂。

诊　断

根据本病多发于秋冬和春初季节、在阴暗潮湿环境易发以及临床上表现剧痒与皮肤炎症等特点可作出初步判断。确诊要依靠实验室检查发现虫体。

在病部与健康皮肤交界处，剪去猪毛，用蘸有50%甘油的钝刀，刮取皮屑至皮肤为玫瑰色或有血渗出为止，然后直接将刮取的皮屑放于玻片上并滴加生理盐水或50%的甘油水溶液，盖上盖玻片，在低倍镜下观察，发现典型虫体或虫卵，即可确诊。

三 常见生猪疫病和群发病的诊断与防治

鉴别诊断：本病易与湿疹、秃毛癣、虱子和跳蚤等皮肤病相混。

湿疹也有痒感，但不如螨病厉害，且在温暖的环境中痒感不加剧，有的湿疹不痒，皮屑内无螨。

秃毛癣患部呈椭圆形、圆形，与正常皮肤界线明显，表面覆有疏松干燥的浅灰色的痂皮，易剥离，剥离后皮肤光滑。久之，融合为大型癣斑，无痒感，镜检病料有癣菌孢子或菌丝。

虱子和跳蚤引起的皮肤病表现的发痒脱毛和营养障碍等症状与疥螨相似，但皮肤不增厚，无皱褶和变硬等症状，在患部可以发现虱子和跳蚤，且皮肤正常，柔软有弹性，病料中无疥螨。

● 主要防治方法

预防：因大多数药物对虫卵没有杀灭作用，故发病的猪场必须治疗2~3次，每次间隔5天，以便杀死新孵出的幼虫。应加强环境消毒，防止病原散布。还要注意场地、工具及工作人员衣服和鞋的消毒，保持猪舍干燥、通风良好、光线充足。

治疗：伊维菌素每千克体重0.3毫克，皮下注射，严重病猪间隔7~10天重复用药一次。或用双甲醚水乳液500毫克／千克体重涂擦或喷淋猪体。

（四）其他猪病

1. 猪黄脂病

黄脂病俗称"黄膘"，指猪体内脂肪组织为蜡样质的黄色颗粒沉着，呈现出黄色，并伴有特殊的鱼腥味或蛹臭味，影响肉质。

● 发病特点

本病是由于经常饲喂不饱和脂肪酸甘油酯含量过多的饲料，或缺乏维生素E所致。如长期饲喂变质的鱼粉、鱼肝油下脚料、鱼类加工时的废弃物、蚕蛹等，易发生黄脂病。遗传因素以及饲喂含天然黄色素较丰富的饲料，也可能产生黄脂。

● 临床症状

　　病猪大多没有明显的临床症状，较难诊断。病猪的生前表现可能有被毛粗糙、食欲减退、增重缓慢、黏膜苍白、倦怠、衰弱，有时发生跛行，通常眼有分泌物。个别猪表现为突然死亡。

● 剖检病理变化

　　病猪皮下组织及腹腔脂肪呈黄色或黄褐色，可闻到腥臭味。较为明显变黄的部位是肾脏周围、下腹、骨盆腔、肛门周围、口角、耳根、眼周围及股内侧的脂肪。黄脂具有鱼腥味，加热后更明显。病猪的骨骼肌、心肌呈灰白色，肝脏呈黄褐色，淋巴结肿胀、水肿，肾脏呈灰红色，胃肠黏膜充血。

● 诊　断

　　生前诊断较难，主要根据宰后剖检病变作出诊断。

　　鉴别诊断注意与黄疸的区别。黄膘猪的肥膘、体腔内脂肪及肝脏呈不同程度的黄色，其他组织无黄色出现。而黄疸猪的皮肤、黏膜、皮下脂肪、腱膜、韧带、软骨表面、组织液、关节液及内脏等均呈黄色。

● 主要防治方法

　　应做好品种的选育工作，即淘汰黄脂病的易发品种。合理调整日粮，增加维生素E供给，减少饲料中不饱和脂肪酸的高油脂成分，将日粮中富含不饱和脂肪酸甘油酯的饲料限制在10%以内。禁喂变质鱼粉或蚕蛹。

2. 霉饲料中毒

　　霉饲料中毒是猪采食了发霉变质的饲料而引起的中毒性疾病，主要临床特征为急性胃肠炎、神经症状和生殖系统异常等。

● 发病特点

　　仔猪及妊娠母猪较敏感。自然环境中霉菌种类很多，目前已知的霉菌毒素有200多种，最常见的有黄曲霉毒素、玉米赤霉烯酮、T－2毒素等。这些霉菌毒素常寄生于玉米、大麦、小麦、棉籽、豆粕、糠麸中，如果环境温度（28℃左右）和湿度（80%～100%）适宜，它们就会大量生长繁殖。

三 常见生猪疫病和群发病的诊断与防治

黄曲霉毒素还具有致癌、致突变和致畸形的作用。

● 临床症状

　　黄曲霉毒素中毒：主要引起猪肝细胞变性、坏死、出血。临床上以全身出血、消化机能紊乱、神经症状等为特征。急性型发生于2～4月龄的仔猪，病猪表现为精神沉郁、食欲缺乏、消瘦，可视黏膜苍白，后期黄染。一般食欲旺盛和体格健壮的猪发病率高，患病后表现为体温升高或正常，精神沉郁，粪便干硬呈球状，表面被覆黏液和血液，皮肤表面出现紫斑。发病后期可出现神经症状，表现为步态不稳、间歇性痉挛抽搐甚至角弓反张。

　　玉米赤霉烯酮中毒：玉米赤霉烯酮对切除卵巢的母猪有雌激素样作用，可使猪表现出雌激素亢进症，使阴道黏膜呈现霉菌性炎症反应。猪中毒后出现雌激素综合征或雌激素亢进症，表现为阴户肿胀、流产、乳房肿大、过早发情；严重病例阴道、直肠脱垂，常发生早产、流产、死胎或弱胎等；公猪表现为乳腺肿大、睾丸萎缩、性欲减退等。

　　T－2毒素中毒：T－2毒素刺激皮肤和黏膜，可引起口、唇、肠黏膜溃疡和坏死。由于胃肠道炎症，常导致猪呕吐、腹泻、体重下降、饲料利用率降低和生产性能下降等。毒素进入血液循环，会损伤血管内皮细胞，破坏血管壁的完整性，使血管扩张、充血、通透性增高，引起全身各组织器官出血。

● 剖检病理变化

　　黄曲霉毒素中毒：主要病变为出血。病猪全身黏膜、浆膜、皮下和肌肉出血，腹水，肾、胃弥漫性出血，肠黏膜出血、水肿，肝脏肿大并可呈黄褐色，脾脏出血。

　　玉米赤霉烯酮中毒：病猪阴道黏膜水肿、坏死和上皮脱落。子宫颈上皮细胞增生，子宫壁肌层高度增厚，子宫角增大和子宫内膜发炎。卵巢发育不全，常出现无黄体卵泡，卵母细胞变性，部分卵巢萎缩。公畜睾丸萎缩。

　　T－2毒素中毒：病猪口腔、食道和胃肠黏膜发炎、出血和坏死。肝、脾肿大、出血，心肌出血。

诊 断

根据病史、临床症状可作出初步诊断。确诊需要作毒物鉴定。

主要防治方法

禁止饲喂霉败变质饲料是预防本病发生的关键。对病猪无特效疗法，发现猪中毒时，应立即停喂霉败饲料，改喂多汁青绿饲料，并采取相应的支持疗法和对症疗法，如补充维生素C、葡萄糖等。

3. 酒糟中毒

酒糟是酿酒后的残渣，作为饲料喂猪，除含有蛋白质、脂肪等营养物质外，还有促进食欲、帮助消化等作用，但长期或大量饲喂酒糟能引起猪中毒。

发病特点

本病是长期或大量饲喂酒糟引起的。原因是酒糟中含有残余的酒精（乙醇、正丙醇、异丁醇、杂醇）和甲醛、酸类，或者酒糟霉败变质产生了醋酸、乳酸及真菌毒素等有毒物质。乙醇可危害中枢神经系统，兴奋大脑皮层，抑制呼吸中枢和运动中枢，出现呼吸障碍和共济失调。甲醛可致细胞毒性，而乙酸等酸类可刺激胃肠道，甚至造成乙酸中毒。酸类物质可促进钙排泄，造成骨骼营养不良。

临床症状

急性中毒时，病猪初期表现为体温升高，结膜潮红，狂躁不安，呼吸急促，可出现腹痛、腹泻等胃肠炎症状，四肢麻痹，卧地不起。慢性中毒表现为消化紊乱，便秘或腹泻，血尿，结膜发炎，视力减退甚至失明，出现皮疹和皮炎。酸类物质可引起钙磷代谢障碍，导致骨质软化。后期病猪体温降低，可由于呼吸中枢麻痹而死亡。病程长者可见黄疸、血尿，怀孕母猪流产。多因呼吸中枢麻痹而死亡。

剖检病理变化

剖检可见胃内容物有酒糟和醋味，胃肠黏膜充血、出血，结肠出现纤维素性炎症，直肠出血、水肿，肺充血、水肿，肝、肾肿胀，质地变脆，脑和脑膜充血，脑实质常有出血，心脏及皮下组织有出血斑。

诊 断

根据饲喂酒糟的病史、临床症状、剖检病变，可作出初步诊断，确诊需进行动物饲喂试验。

主要防治方法

酒糟应尽可能新鲜喂给，禁喂发霉变质的酒糟；用新鲜酒糟喂猪，其量不得超过日粮的1/3，且妊娠母猪应减少喂量。轻度酸败酒糟可加入石灰水，以中和酸性物质。长期饲喂含酒糟的饲粮时，应适当补充含矿物质的饲料。

目前尚无特效解毒药。发现中毒后应立即停喂酒糟，用1%碳酸氢钠口服、灌肠，静脉注射葡萄糖液、生理盐水等。对便秘的，可内服缓泻剂。胃肠炎严重的，应消炎。兴奋不安的，应使用镇静剂，如静脉注射硫酸镁、水合氯醛、溴化钙等。

4. 食盐中毒

食盐是猪饲料中的必需营养物，但采食过量食盐，可引起以神经症状为特征的中毒。

发病特点

引起猪发生食盐中毒，常常是因采食了含盐量较高的咸菜、劣质咸鱼粉、饭店（食堂）的泔水等，或者日粮中含盐过多而饮水不足，或者食盐在日粮中混合不均。

临床症状

急性中毒猪表现为肌肉颤抖、角弓反张、口吐白沫、磨牙、眼睑及面部肌肉阵发性痉挛，或倒地四肢呈游泳状划动、眼球颤动、呼吸困难、后肢麻痹、瞳孔散大等，一般在2天内因昏迷、虚脱而死。

慢性中毒猪表现为口渴贪饮、眼球下陷、流涎、头常抵墙、转圈或呆立、便秘或下痢，最后四肢瘫痪，一般在3~6天内死亡。

剖检病理变化

胃肠黏膜充血、出血，肠系膜淋巴结充血、出血，肝肿大、质脆。

诊 断

一般根据临床症状和采食情况作出诊断，但须与水肿病、脑炎型链球菌病、伪狂犬病、李氏杆菌病等进行鉴别。

主要防治方法

预防此病发生，关键是把好饮食关，不要长期或大量饲喂含盐量多的饲料，日粮中含盐量一般不可超过0.5%并须混合均匀，并保证饮水充足。

对病猪要多次少量给予新鲜饮水，同时可用10%的葡萄糖液250毫升与呋塞米40毫克混合后静脉注射，每日2次，连用3~5次，见大量尿液排出时停止使用。

5. 断奶仔猪腹泻病

断奶仔猪腹泻病是仔猪断奶后不久，受断奶、更换饲料等应激因素刺激而引起的，并可继发感染大肠杆菌的仔猪群发病。

发病特点

一般在断奶后1~2周内发病，在断奶前无任何不良现象。发病率高低不一，与饲养管理因素密切相关。除断奶外，转棚、并窝、运输、气候变化等均可促使本病多发。本病一年四季均可发生，但湿热的季节里更易发。

据报道，引发本病的根本原因是肠道对日粮中的蛋白抗原过敏，使肠道受伤。不同的蛋白饲料抗原的致过敏程度不同，其中豆饼饲料致敏性较强，可引起严重腹泻。由于断奶，仔猪肠道接纳日粮中致过敏的抗原量突然增加，产生严重的过敏反应，使肠道受伤，养分消化率下降而导致腹泻。

临床症状

腹泻呈突发性，一窝中常是1~2头先发病，继之病猪增多，也有的不再出现新的病猪。病猪一般精神良好，食欲无明显改变，体温变化不显著。泻粪从水样到软便不一，为黄色或灰色，多数似刚浇制的水泥。泻后几天猪体消瘦，病程轻者会自行康复；腹泻严重者，消瘦明显，其他病状也加重，常因脱水而死亡，或成为僵猪。

三 常见生猪疫病和群发病的诊断与防治

● 剖检病理变化

病猪主要病变是结肠壁上的淋巴滤泡肿胀,凸出于肠黏膜表面,有的滤泡中间已坏死,个别病猪直肠壁上的淋巴滤泡也出现相似的变化。少数病猪肠道有出血性卡他炎症、肠系膜淋巴结充血等。其他病变不一致。

● 诊 断

根据发病特点、临床症状和病变可作出诊断。病程较长的病猪,其结肠黏膜上及坏死的淋巴滤泡上可分离到致病性大肠杆菌。

● 主要防治方法

预防本病发生的关键是过好断奶关,努力减少应激因素。可采取逐渐断奶法和赶母留仔法,即断奶后将母猪迁出,仔猪留在原来栏舍内饲养1~2周后再移到育成舍。应保持断奶仔猪饲料不剧变和猪舍清洁干燥等。断奶前也可试用抗过敏药物来进行预防。

对病猪应及时治疗,以减少体重损失,降低病死率和僵猪率。可用山莨菪碱注射液肌注治疗,每头每次30~60毫克,每天2次,以恢复肠道功能,同时肌注对大肠杆菌敏感的抗菌药物。对病程长、脱水明显者应补液。

6. 中暑

中暑是日射病和热射病的总称,是猪在光和热的作用下或机体散热不良时引起生猪急性体温过高、导致大脑中枢神经机能障碍的疾病。日光照射引起的称日射病,其他的称热射病。

● 发病特点

本病发生在炎热的季节,发病常常是由于猪过多受到烈日照射,或者猪舍过于矮小、饲养密度过大、通风不良等造成闷热,运输车通风不良、温度过高等原因引起。

● 临床症状

中暑最严重者可在2~3小时之内死亡。患猪病初呼吸急促,体温升高,严重的高达42℃，走路摇摆，精神沉郁，不食但有饮水欲，常出现呕吐，全身皮肤发红。严重者昏迷，卧地不起，四肢乱划，最后死亡。

● 剖检病理变化

典型的病变是脑及脑膜充血、水肿、广泛性出血，肺充血和水肿。

● 诊　断

根据临床症状和发病特点一般可作出诊断，但须与一些急性热性传染病如急性链球菌病、猪蓝耳病、乙型脑炎等进行鉴别。

● 主要防治方法

加强饲养管理，消除发病因素是防止本病发生的关键。及时治疗，可使病猪康复。对发病猪要及时通风降温，保持病猪安静，用凉水喷洒猪体，给予大量多汁饲料。同时，可肌注或静脉注射氯丙嗪，1~2毫克/千克体重；亦可用安乃近等退热药治疗。病重者，可用安钠咖等强心药。如已发生脱水，则应采用生理盐水或葡萄糖输液，但对已发生脑水肿或肺水肿的病例不可输液。对病情已好转但食欲未恢复的病例，可给予清凉健胃药，如龙胆、大黄、人工盐、薄荷水等。

附录 规模养猪场（户）切实提高猪群健康水平的综合防疫技术

引起生猪群体发病的直接原因是病毒、细菌、寄生虫等病原以及毒物或缺乏某些营养因素，而间接的因素或者说诱因常常是人为造成的。虽然按照防疫制度开展了规范的免疫、消毒等兽医防疫工作，还时不时地给猪群用一些保健药，但是许多养猪场（户）猪群健康水平仍然较差，出栏率较低，甚至还要暴发疫病，这是什么原因呢？其实，这与高密度养殖、开放式饲养、原始化管理以及活猪大范围频繁流通等有着密切关系，致使养殖的生猪常处于亚健康状态，使猪群始终处于病原的包围之中。据有关资料报道，目前80%以上的猪场受到猪蓝耳病病毒污染。原浙江农业大学纪孙瑞老师曾做过一个试验，结果表明高密度养殖的生猪健康水平差、生长速度显著降低（如下表）。因此，若要有效防止猪群暴发流行疾病，确保猪群健康高产，进一步提高生猪出栏率，我们必须从单一的兽医防疫观向综合应用多学科技术防疫发展，即在继续强化"以免疫为主的兽医综合防治措施"的同时，要改变生猪防疫就是兽医的事的观念。这就需要应用生态学、环境学、饲养管理学、兽医学等学科技术，为动物正常生长发育和保证免疫等防疫技术充分发挥作用，提供一个合适的养殖环境和生物安全区域，即要实施"生物安全为基础的全方位防疫"。

每栏（6.25平方米）饲养头数	42日龄平均体重（千克）	60日龄平均体重（千克）	饲料利用率
12	11.2	12.6	1.8
8	18.8	23.1	1.6

实施"生物安全为基础的全方位防疫"，就是要在采用免疫、消毒、疫病监测、检疫等兽医技术的同时，实施科学的养殖生产方式，即目前所说的健康养殖、生态养殖或标准化养殖。具体技术方法和要求表述如下：

（一）猪场选址

科学地选择场址，直接关系到猪场的生物安全、卫生防疫和周围环境的保护，对猪场组织高效、安全生产具有重大意义，是猪场建设的关键。

养猪场场址既要有供电充足、交通便利的条件，也要符合有利于隔离、通风向阳、地势高燥平坦或略带缓坡、排水良好的要求。平原地区猪舍建筑物基础至少高于地下水位0.5米以上，以利于饲料、

物资的运输，确保生产用电和取暖、通风等设施设备运转正常，便于养猪场降温、保暖和清洁卫生。同时，要选在水源充足、水质良好（达到或经过处理达到无公害水质标准）、便于取用和进行卫生防护，并易于净化和消毒的地方。养猪场不能建在沼泽地、低洼地、山谷风口或通风不良的地方，也不能建在取用水源达不到卫生标准和易受到污染的地方（如铁、铜、镁、硒等超标的地下水，上游可能受到养殖场、生活生产垃圾和工业废水污染的江河湖水水源）。

为便于隔离和保护环境，尽可能按照农业部《动物防疫条件审查办法》第五条规定要求选址，即猪场选址应符合3个条件：①距离生活饮用水源地、动物屠宰加工场所、动物和动物产品集贸市场500米以上，距离种畜禽场1000米以上，距离动物诊疗场所200米以上，距离其他养猪场不少于500米。②距离动物隔离场所、无害化处理场所3000米以上。③距离城镇居民区、文化教育科研等人口集中区域及公路、铁路等主要交通干线500米以上。

（二）养猪场防疫设施设备

养猪场除了一般的清洁工具外，应配备最基本的防疫设施设备。

附录 规模养猪场（户）切实提高猪群健康水平的综合防疫技术

（1）隔离设施。养猪场特别是养猪场的生产区和隔离区，四周应设置围墙等能阻止人员和其他动物进出的隔离设施，围墙设净道主进出口和污道次进出口，主进出口处应设置值班室。

（2）消毒设施设备。生产区主进出口应设置更衣消毒室及专用消毒通道、车辆消毒池。消毒池设置要求与门同宽，长4米以上（汽车轮1周半以上），深0.3米以上。生产区内每栋猪舍门口设有消毒垫（或消毒盆）。同时，应配置高压消毒器。

（3）通风降温和取暖保温设施设备。猪舍建筑结构应有利于通风降温和取暖保温，同时设置降温和保温设施设备。

（4）兽医室及其设备。根据养猪场规模和专职兽医防疫员人数，设置相应规模的兽医室，并配备疫苗冷冻（冷藏）、消毒和诊疗等设备和器械。

（5）隔离舍。根据养猪场规模，建设引种隔离舍和病猪观察治疗隔离舍。

（6）无害化处理设施和设备。根据养猪场规模，设置病死猪无害化处理设施和粪尿等排泄物处理设施，配备封闭式运送病原污染物的车辆。排污沟应采用封闭式暗沟。

（三）养猪场内布局

合理地布局养猪场内各个功能区，不仅便于生产和管理，降低成本和提高生产效率，而且能有效地防止交叉污染和疫病传播。

一个完整的养猪场一般可分为三个功能区，即生产区、隔离区和生活办公区。各区域间应分开，并有隔离设施；生产区应位于隔离区的上风向和上势处，并处于生活办公区不同的风流上。

生产区又应分为繁殖区、保育区、育成（育肥）区和饲料加工等辅助功能区。如有条件，繁殖区、保育区、育成（育肥）区应分建在不同的地方，各自配套辅助功能设施，自成独立的系统。如建在同一个生产区，各区域间距应尽量拉大，至少在50米以上。繁殖区主要包括种公猪舍、后备母猪舍、空怀母猪舍、配种室、妊娠母猪舍、分娩哺乳猪舍，各猪舍应按主风向自上而下依次排列。保育区和育成（育肥）区建在繁殖区的下风处，或建在不同的风流上。育成（育肥）区猪舍应建在围墙边靠近出售装猪月台处，装猪月台应建成一个横跨围墙、出口在围墙外的建筑。各栋猪舍前后之间距离在10米以上，左右距离在5米以上。引种隔离舍应建在各猪舍的下风处或建在与猪舍不同的风流上，或在生产区外单独

建设。饲料加工配制车间及仓库，应建在既能避免或减少场外运输饲料原料车可能产生的污染，又便于各猪舍取用运输饲料的地方。兽医防疫室应建在各猪舍的下风处或建在与猪舍不同的风流上。生产区内道路应分设净道和污道，净道是供饲养员（病猪隔离舍饲养员除外）通行、健康猪群转栏和饲料等洁净物品运送的通道，污道是供粪便等废弃物和病死猪等污染物转运的通道，避免相互交叉。

隔离区包括病猪隔离舍、尸体剖检及无害化处理设施、粪尿和其他污物无害化处理设施等。

生活办公区主要包括生产管理人员办公室、接待室、配电房、职工宿舍、食堂等。

（四）养殖方式与饲养管理

实践证明，不同的养殖方式和饲养管理方法，不仅影响生猪生长，而

附录 规模养猪场（户）切实提高猪群健康水平的综合防疫技术

且影响生猪的抗病能力，关系到生猪疫病发生与传播。如当前生猪高密度饲养，大大提高了生产效率，但同时也导致生猪抗病能力下降、疫病传播和发生机会明显增加。因此，应采用科学的养殖方式，加强饲养管理，从根本上提高养猪场的防疫能力。

1. 应采用科学的饲养方式

（1）适度规模饲养。一个养殖场点的饲养数量，应根据猪场所处地理环境来确定，主要取决于饲养的种类、地形、夏季环境温度、通风状况、水源、排泄物净化能力、对周围环境影响的程度等。根据浙江省的地理和气候情况，一个养殖点，养殖存栏规模以1000～10000头比较合理。

（2）封闭饲养。应充分发挥围墙、隔离舍、消毒设施、门卫制度等的作用，禁止无关人员、动物及其产品、车辆、物品进入生产区，必须进入的应实施隔离和消毒措施。已出场离开生产区的猪只不准再返回原生产区。要减少各猪舍间的联系。有条件的猪场，猪舍可采用空气过滤和自动控温设施，实行全封闭饲养。

（3）分段隔离饲养。围绕养猪场生产计划，根据生猪生长发育规律，将饲养的生猪分成哺乳仔猪、保育仔猪、生长育肥猪、后备种猪、成年种公猪、空怀母猪、妊娠母猪和哺乳母猪等不同饲养阶段。按照不同阶段饲养管理要求，对不同类别的生猪实行分段分区饲养。各区域人员、工具也分开，做到相对隔离。

（4）自繁自养。实行自繁自养，就是在一个养猪场中，由自己饲养公母猪繁殖仔猪，并将仔猪饲养成商品肉猪。除了必要时引进部分公母猪以更换老的公母猪外，所有饲养出售的商品猪全部由自养的公母猪繁殖提供。

（5）全进全出饲养。实行全进全出，就是指养猪场一定区域内饲养的一批

生猪应同时进入，在调入饲养下一批生猪前，该区域内原饲养的所有生猪应全部调出，并清栏清场、彻底消毒和停用1周以上。采用全进全出，一般以一栋猪舍为一个区域，以整栋栏舍饲养的生猪全部一起进栏和出栏。如果以一栋为单位有困难时，可以在一栋中将连片的数个栏舍作为一个组别，实行全进全出，但这个区域与其他栏舍必须采用硬隔离分开，包括饲养人员、饲养工具和喂料管理过程也要分开。一个非自繁自养小规模养猪场，最好是全部或连片几栋猪舍实行全进全出，所有生猪一起出售后，进行全部空栏和环境大消毒，以彻底消灭存在的病原，然后再一起全部补栏。

（6）合理密度饲养。饲养密度是指猪舍内猪只的密集程度，常用每头猪所占猪栏面积来表示。国家标准《规模猪场建设》（GB/T17824.1—2008）规定的最低的生猪饲养密度如下表所示。为保证生猪健康生长发育，达到高水平的出栏率和养猪经济效益，饲养密度应保持在一个合理的范围内。

类别	公猪	后备母猪	空怀妊娠母猪	哺乳母猪	保育仔猪	生长肥育猪
头数（栏）	1	5~6	4~5	1（窝）	9~11	9~10
平方米（头）	9~12	1~1.5	2.5~3.0	4.2~5.0	0.3~0.5	0.8~1.2

（7）单一畜种饲养。养猪场除了生猪外不得饲养其他任何畜禽，也不得饲养狗、猫等动物。

2. 做好清洁卫生工作

猪舍应每天进行打扫、清理，保持舍内整洁、干燥。排水沟、粪沟应畅通，场内清理出的粪便、污物应集中堆积或进入沼气池发酵处理。经常性地进行灭鼠和做好灭蝇、灭蚊工作。

3. 适时采取有效通风降温和供暖保温措施

不同生长发育阶段的生猪，其适宜的环境温度如下表所示。为保持

类别	成年公母猪	初生仔猪	2周龄仔猪	3周龄仔猪	4周龄仔猪	断奶仔猪	生长育肥猪
适宜温度（℃）	15~18	32~35	27~29	24~27	22~24	22	18~22

附录　规模养猪场（户）切实提高猪群健康水平的综合防疫技术

适宜的猪舍内环境温度和空气质量，应适时适度使用通风降温和取暖保温设施。同时，要搞好场内绿化工作，各猪舍间空地应种植落叶乔木，以利美化环境、净化空气。

4. 保证营养符合要求

根据生猪不同品种、不同生长发育阶段对营养的要求，给饲养的乳猪、断奶仔猪、生长育肥猪、公猪、母猪提供符合营养标准的全价饲料。同时，应采取有效措施过好乳猪断奶关，防止仔猪断奶腹泻症等病的发生。

5. 保证饲料和饮用水的质量

保管好各类饲料，防止饲料发霉变质。禁止饲喂不洁、霉变、被有害物质污染的饲料。饮用水必须达到卫生标准。

（五）隔　离

隔离是指阻止相关人员、生猪、物品等随意进入养猪场。在进入前，要观察一定的时间，采取一定的措施，判定这些人员、生猪、物品等是否带有病原微生物，或者杀灭可能带有的病原微生物，防止带有病原微生物随人员、生猪、物品等进入生产区，并传染给场内饲养的生猪。

（1）人员要隔离。曾到过其他养殖场、屠宰场、畜产品交易市场的养猪场工作人员应间隔7天后或经彻底淋浴更衣后方可进入生产区。外来采购生猪人员不得进入生产区选猪，进入生产区指导防疫的场外兽医事前应经彻底淋浴更衣。场内兽医不得到场外就诊，配种人员不准对外开展配种工作。必须进入养猪场生产区的所有人员应换鞋、更衣、洗手、适当消毒，经过消毒室及专用消毒通道入内。生产区内饲养人员不得串舍、串岗。

（2）物品要隔离。外来采购装运生猪车辆不得进入生产区装猪。必须进入生产区的一切物品,应经过清洗或消毒。各栋养猪舍的工具应固定,不得互相串幢使用。

(3)引种要隔离。流行病学调查表明,一个猪场内新发生的疫病,许多是通过引进种猪而传入引起的。所以,引种把关和隔离检疫显得特别重要。

要按照国家法律和有关规定引进种猪。引种隔离的方法:

一要做好引种前的准备工作。重点是预备好单独的引种隔离舍。没有引种隔离舍的,要腾空一个与引进数量相应的、与猪场饲养生猪相对隔离的饲养栏舍区,饲养栏舍应全面彻底消毒。

二要正确选择种猪场。为防止引进种猪时将疫病带入场内,在引进前应到种猪产地进行疫情调查,并向动物防疫主管部门进行咨询,保证到无疫病流行的清净地区采购种猪。如果是跨省引进种猪,需要到省级动物卫生监督机构申请办理跨省检疫审批手续。

三要在产地对引进种猪进行健康检查。从种猪场挑选出种猪后,按要求进行口蹄疫、猪瘟、猪水疱病、布鲁氏菌病、伪狂犬病等实验室检测,以确定引进种猪健康无疫。在装运前,对运载车辆进行彻底冲洗和消毒,由产地动物检疫员进行检疫,并开具检疫合格证明和车辆消毒证明。检疫合格证、消毒证明要随种猪同行。

四要对引进猪进行隔离观察。种猪引进后要在隔离饲养舍内饲养观察30天以上。首先要进行临床检查,看是否出现临床症状。其次要进行猪口蹄疫、猪瘟、猪水疱病、布鲁氏菌病、伪狂犬病等实验室检测。经检查确认健康的种猪方可进入生产区,供繁殖使用。

五要做到在本场有传染病流行期间不引进种猪,避免造成更大损失。

六要做好后备种猪的免疫。在配种前按后备种猪免疫程序接种好各种疫苗。

(六)免 疫

免疫是提高生猪自身特异性抗病能力、防止疫病发生和流行最有效、最关键的措施之一。养猪场必须做到规范化免疫。

附录 *规模养猪场（户）切实提高猪群健康水平的综合防疫技术*

1. 要科学确定免疫的疫病种类

养猪场必须开展国家和当地政府确定的强制性免疫病种的免疫，如口蹄疫、猪瘟、高致病性猪蓝耳病的免疫。同时，要根据本场疫情史和周围的疫情，对发病率较高、危害性较大的疫病实施免疫。

2. 要坚持合理的免疫程序

免疫程序，是指动物一生中各种疫苗接种的次数、次序和日程。生猪接种疫苗时的日龄不同、疫苗接种次数不同、前后接种疫苗的间隔时间不同，免疫效果都会不一样。免疫程序关系到各种疫苗的免疫效果。免疫程序不是固定不变的，猪场应根据本场免疫种类、各种疫病免疫抗体消长规

接种疫苗日龄	实施免疫的疫病（说明）
7～10	猪喘气病
14～20（或断奶时）	猪蓝耳病（灭活苗在断奶后免疫）
21～28	猪瘟
45～55	O型口蹄疫、猪瘟
65	猪蓝耳病（灭活苗可以和上一步口蹄疫、猪瘟疫苗分点同时接种）
80～90	O型口蹄疫
130～140	O型口蹄疫（必要时）
出栏前1个月	O型口蹄疫（需要长途运输的生猪）
后备母猪和新种公猪配种前	日本乙型脑炎、细小病毒病、猪瘟、口蹄疫、伪狂犬病、猪蓝耳病、（猪瘟、口蹄疫和蓝耳病灭活苗可同时免疫，其他应间隔一定时间）
经产母猪配种前	猪瘟、口蹄疫、猪细小病毒病、伪狂犬病、猪蓝耳病（猪瘟、口蹄疫和猪蓝耳病灭活苗可同时免疫，其他应间隔一定时间）
种公猪	每年3次猪瘟和口蹄疫，1次猪细小病毒病、日本乙型脑炎、伪狂犬病免疫。

律和畜牧兽医管理部门的指导意见，确定合理的免疫程序，并到当地动物卫生监督机构备案。上页表是推荐的规模养猪场免疫程序，供参考。

3. 要力图消除影响免疫效果的各种因素

（1）不使用无批准文号的疫苗、过期的疫苗、失去真空和变质的疫苗。

（2）疫苗要按照说明书规定温度运输和保存，规定的接种部位和操作方法接种。

（3）接种弱毒菌苗前后一周内禁用抗菌类药物及含有抗菌类药物饲料添加剂。

（4）禁止给不健康的动物接种疫苗，发现动物群体中有可疑传染病时，要立即停止疫苗接种。

（5）平时少用或不用抗菌类和抗病毒类药物。

（6）已开启的疫苗应及时用完，高温季节不可超过2小时（并存放在保温瓶中），其他季节不超过4小时。

（7）根据猪的大小，使用相应的针头，不打飞针。

（8）根据接种的疫苗种类选择接种用的消毒药，接种病毒性弱毒苗时应使用酒精消毒。

（9）剩余或废弃的疫苗以及使用过的疫苗瓶要做无害化处理，不得随意抛弃。

（七）消 毒

消毒就是用物理的、化学的或生物学的方法，杀灭或清除生猪体表、养殖环境和其他传播媒介上的病原微生物，使之失去感染能力的处理，即消除病原微生物传染的危险。因此，消毒是预防、控制和扑灭猪病必不缺少的措施。

1. 正确选用消毒剂

消毒药的种类繁多，各有特点，应根据不同的消毒对象、消毒目的和消毒方法，选用不同的消毒药物。养猪场应选用高效、低毒、安全、无残留的消毒药物。猪场门口车辆消毒池，一般选用2%~3%烧碱。猪场饲养环境消毒，可选用2%~3%烧碱、生石灰、漂白粉、有机氯等。猪带体消毒，可选用0.3%过氧乙酸、0.1%新洁尔灭、0.1%次氯酸钠等。喷雾消毒，可选用一定浓度的次氯酸盐、有机碘混合物、过氧乙酸、新洁尔灭等。熏蒸消毒，每立方米可选用福尔马林（40%甲醛溶液）42毫升、高锰酸钾21克。浸泡消毒，可选用一定浓度的新洁尔灭、有机碘混合物等。

2. 按程序消毒

一般情况下，栏舍、用具、车辆、器械和设备应先清洗再消毒，栏舍应从上到下进行清洁消毒，腐蚀性消毒药消毒一定时间后须进行清洗。怀疑有病源污染的场所、用具、工作衣鞋等应先消毒后再清理和清洗，然后再消毒。对病死猪进行深埋等无害化处理后，要对病死猪经过的地方进行消毒。

消毒药应定期轮换使用，一般3个月更换一种消毒药。消毒时，应按照说明书操作，不得随意提高或降低稀释倍数。消毒药一经稀释，须尽快用完。消毒药按要求贮藏，不可使用过期消毒药物。

3. 实施标准化消毒

（1）人员消毒。设置洗澡间的，入区工作人员应在更衣室内脱去衣物，全身淋浴后，换穿生产区内专用工作衣鞋进入。设置紫外线消毒间的，入区工作人员换穿专用工作衣鞋，在消毒间内消毒15~20分钟，双手在消毒盆内浸泡消毒。外来人员必须进生产区的，换穿专用工作衣鞋消毒后，按指定路线进入，必要时应洗澡后进入。

（2）用具消毒。对保温箱、料槽、料箱、场内饲料用车辆等，应每周消毒1次；场内装运猪的车辆、兽医室器具使用前后均应消毒1次；生产区内工作人员固定使用的工作衣服应定期用消毒药浸泡后再清洗晾干；场外装载饲料车进入场区的，车轮应经消毒池消毒，车身应经喷雾消毒。怀疑有病原污染的，应立即进行消毒。相关用具也可采用熏蒸或浸泡消毒。

（3）环境消毒。生活办公区道路要经常清扫，每月消毒1次。生产区净道要每日清扫，每月消毒2次；污道应每周消毒1~2次。

（4）猪舍消毒。每天对猪栏地面、道路清扫1次，每周对走道、地面、墙壁喷洒消毒1次。转群、出栏等每批猪只调出空栏后,要彻底清扫干净,用高压水枪冲洗,然后进行喷雾消毒或熏蒸消毒,空栏1周后方可使用。

（5）带猪消毒。必要时应进行带猪消毒。隔离猪进入生产区、生猪转群、母猪进入产房时均应进行体表消毒；进入产房的母猪,应对其后躯外阴和乳房进行清洗消毒；仔猪断脐带应严格消毒；在高温季节每天对生猪进行带体消毒。

（6）应急消毒。发生重大动物疫情时,应在动物卫生监督机构的指导下按照相关法律法规进行消毒。

（7）其他消毒。隔离室、兽医室、无害化处理设施、污染物处理设施、下水道出口等也要定期进行消毒。

（八）药物使用

在做好免疫和消毒工作的同时,使用抗菌药等药物进行疫病防治,是养猪场生产过程中的一个重要环节。正确使用药物,是有效发挥药物防病治病作用、防止药物产生毒副作用和药物残留的关键。

（1）不使用违禁药品。不使用未经批准的、过期的、变质的药物,不使用人用药物,不使用原料药物。

（2）科学使用药物。一是在平时饲料和饮水中不随意添加药物,只有在生猪发生疫病或可能发生疫病的情况下,才可在饲料或饮水中添加药物,实施群体防治；二是对症用药,不论是群体预防性给药,还是个体治疗,都要努力查明和针对病因、病原用药,必要时开展病原菌药敏试验,选用敏感的药物；三是合理掌握使用剂量和疗程,要根据确定的药物使用剂量用药,并至少使用1个疗程;四是轮换用药,不可长期使用一种药物,应在3~6个月后轮换1次。

(3)严格执行停药期。在育肥出售猪群的饲料和饮水中,不添加各种药物进行群体给药;进行个体用药治疗时,要严格按照规定的药物停药期,在出栏前停止用药。

(九)疫病监测报告与扑疫

为了及时发现疫情隐患,应有计划地开展疫情监测工作;为了防止疫病扩散蔓延,应立即采取扑疫措施。

1. 坚持开展日常巡查与定期实验室监测

饲养人员在每日从事喂料等工作时,应注意观察生猪的精神状态、饮食情况、体表和行为变化等。

兽医应每天检查卫生防疫情况,观察猪群,了解猪只健康状况,并做好记录。

养猪场应根据动物防疫主管部门要求和本场实际需要,定期或不定期开展猪瘟、口蹄疫、猪蓝耳病等疫病的免疫抗体和病原学监测工作,切实掌握各主要疫病的免疫状况,了解猪场和猪群受到病原污染的程度,时时对动物疫病可能发生的风险作出评估,以指导采取科学防控措施。

2. 及时报告疫情

饲养员如发现生猪有异常情况时,应立即停止打扫、饲喂等工作,并报告养猪场兽医前来诊断处理,饲养人员不得私自处理和瞒情不报。

在生猪出现发病或死亡等异常情况时,养猪场兽医应立即开展诊断与流行病学调查工作。当诊断猪群发生可疑重大动物疫情时,应立即报告当地动物防疫主管部门,并同时采取临时隔离控制措施。

3. 及时扑灭疫情

当发生疫病或可疑疫病时,应根据不同疫病性质立即采取相应的措施控制和扑灭疫情。当发生口蹄疫等重大动物疫病时，应按照国家的规定，服从当地政府的统一指挥，实施对养猪场封锁、扑杀、无害化处理等一系列措施。当发生一般性疫病时，按照发病的范围，对病猪采取就地隔离治疗或将病猪转移到隔离舍中治疗，必要时对发病猪舍采取内部封锁隔离控制措施；对病死猪及其污染物进行无害化处理，对污染场地进行彻底消毒；对于无治疗价值的病猪，应及时采取扑杀销毁处理。扑杀病猪和同群猪应采取不放血的致死法。

（十）无害化处理

无害化处理是消灭病原、消除污染源的最有效、最彻底的方法。

1. 病死猪的无害化处理

对病死猪和被扑杀的猪，应采用深埋、投入毁尸窖、化制或焚烧等方式进行无害化处理。深埋病死猪的地方应远离水源，对环境不造成污染。

2. 废弃物的无害化处理

猪场废弃物指整个生猪饲养过程中产生的粪、尿、污水、垫料、医疗废弃物和废弃饲料等。猪场废弃物根据"资源化、无害化、减量化"与"节能减排"的原则进行处理。

对养猪场猪排泄物应实行干湿分离，在猪舍达到清洁的前提下尽量少用水冲洗，努力避免雨水进入猪舍排污沟和积污（粪、尿）池（窖），以达到污染物减量化。猪干粪经堆积发酵后可直接施用于植物，或输送到肥料厂制成有机肥料，也可进入沼气池发酵产生沼气。粪、尿污水经发酵（产生沼气）后，应作肥料使用等。

（十一）建立可追溯记录档案

每种记录应整理归档，档案至少保存 2 年以上。

附录 规模养猪场（户）切实提高猪群健康水平的综合防疫技术

1. 生产记录（按日或变动记录）表

猪舍号：＿＿＿＿＿＿＿＿ 猪类别：＿＿＿＿＿＿＿

猪栏号	日期	变动情况（数量）				存栏数	备注
		出生	调入	调出	死淘		

注：猪类别：指公母猪、仔猪、保育猪、育成猪等。日期：填写出生、调入、调出和死淘的时间。变动情况（数量）：填写出生、调入、调出和死淘的数量。调入的需要在备注栏注明来源地，调出的需要在备注栏注明详细的去向，死亡的需要在备注栏注明死亡和淘汰的原因。一张表只记录一幢猪舍、一个猪类别(或一个批次)。

2. 消毒记录表

日期	消毒场所	消毒药名称	用药剂量	消毒方法	操作员签字

注：日期：填写实施消毒的时间。消毒场所：填写圈舍、人员出入通道和附属设施等场所。消毒药名称：填写消毒药的化学名称。用药剂量：填写消毒药的使用量和使用浓度。消毒方法：填写熏蒸、喷洒、浸泡、焚烧等。

3. 免疫记录表

猪舍号：_____　　　　　猪群批号：_____

免疫日期	猪栏号	疫苗名称	免疫日龄	免疫次数	存栏头数	免疫头数	疫苗生产厂	疫苗批号（有效期）	免疫方法	免疫剂量	免疫人员	备注

注：猪群批号：指日龄相同（近）的猪群，一般用猪的出生日期、调入日期或耳标号标示。一张表只能记录同一批猪群的免疫情况。免疫日龄：指本次接种疫苗时猪的日龄。免疫方法：填写免疫的具体方法，如喷雾、饮水、注射部位等方法。免疫次数：指对同批猪群用同种疫苗重复免疫的次数。

4. 兽药使用记录表

栏舍号	猪耳标号码	使用时猪日龄	开始使用日期	停止使用日期	兽药名称及用量	兽药生产厂家及批号	备注

注：猪耳标号码：个体用药时，填写耳标号码；群体用药时，填写用药猪的头数和有代表性的一头至数头猪的耳标号码。

5. 诊疗记录表

日期	栏舍号	猪耳标号码	日龄	发病头数	病因	用药名称	用药方法	诊疗结果	诊疗人员

注：猪耳标号码：群体发病时，填写有代表性的一至数头发病猪的耳标号码。

6. 监测记录表

采样日期	栏舍号	被检猪日龄	采样数量	监测项目	监测结果	处理情况	监测单位	备注

注：监测项目：填写具体的内容如口蹄疫免疫抗体监测。监测结果：填写具体的监测结果，如阴性、阳性、抗体效价数等。处理情况：填写针对监测结果对猪群采取的处理方法。

7. 病死猪无害化处理记录表

日期	处理头数	处理原因	猪耳标号码	处理方法	处理单位（或责任人）	备注

注：处理原因：填写实施无害化处理的原因，如染疫、正常死亡、死因不明等。猪耳标号码：个体处理时，填写耳标号码；群体处理时，填写有代表性的一至数头处理猪的耳标号码。处理方法：填写《畜禽病害肉尸及其产品无害化处理规程》GB16548规定的无害化处理方法。

8. 保育、生长猪批生产档案(供参考)

猪舍：_____ 来源：_____ 批次：_____

进栏日期		转入头数		日　龄	至	其中病弱猪	
转入栏舍							
仔猪窝号							

期末结果（包括留养）

转出日期		转出总数		其中病弱猪数		
转出去向	转群	销售	死亡	淘汰	留养	
转出头数						

生产计划及执行记录（补料、转料、免疫、加药、去势、补铁、驱虫）

日　期	生产项目	执行情况	日　期	生产项目	执行情况
备　注					

生长、健康状况记录（包括免疫、发病、治疗、转出、并栏、销售、死亡、淘汰等）

日　期	摘　要	日　期	摘　要
备　注			

说明：记录具体执行情况、每批的动态变化、健康状况、最初来源、最终去向等。

参考文献

[1] 甘孟侯, 杨汉春. 中国猪病学[M]. 北京: 中国农业出版社, 2005.
[2] 潘耀谦, 张春杰, 刘思当. 猪病诊治彩色图谱[M]. 北京: 中国农业出版社, 2004.
[3] 汪明. 兽医寄生虫学[M]. 北京: 中国农业出版社, 2003.
[4] 李普林. 动物病理学[M]. 长春: 吉林科学技术出版社, 1994.
[5] 中国农业科学院哈尔滨兽医研究所. 动物传染病学[M]. 北京: 中国农业出版社, 1998.
[6] B E Straw, S D Allaire, W L Mengeling, 等. 猪病学[M]. 8版. 赵明德, 张中秋, 沈建忠, 等, 译. 北京: 中国农业大学出版社, 2000.